KB261251

현장 체험 실습용 교재

실전 약용식물 재배기술

현장 체험 실습용 교재

실전 약용식물 재배 기술

초판인쇄   2017년 3월 15일
초판발행   2017년 3월 20일

지은이   김재철 · 곽준수
펴낸이   고명흠
펴낸곳   푸른행복

출판등록   2010년 1월 22일 제312-2010-000007호
주소   경기도 고양시 덕양구 통일로 140(동산동)
      삼송테크노밸리 B동 329호
전화   (02)3216-8401 / FAX (02)3216-8404
E-MAIL   munyei21@hanmail.net
홈페이지   www.munyei.com

ISBN   979-11-5637-064-2 (13520)

* 이 책의 내용을 저작권자의 허락없이 복제, 복사, 인용,
  무단전재하는 행위는 법으로 금지되어 있습니다.
* 잘못된 책은 바꾸어 드리겠습니다.
* 이 도서의 국립중앙도서관 출판예정도서목록(CIP)은
  서지정보유통지원시스템 홈페이지(http://seoji.nl.go.kr)와
  국가자료공동목록시스템(http://www.nl.go.kr/kolisnet)에서
  이용하실 수 있습니다. (CIP제어번호: CIP2017003209)

현장 체험 실습용 교재

실전 약용식물 재배기술

김재철·곽준수 공저

푸른행복

세계 경제가 어려워짐에 따라 전 세계적으로 자국의 이익을 위해
서 환율, 관세, 지역공동체 탈퇴 등의 다양한 방법으로 경제난을
타개하고자 하는 다양한 노력과 방법이 동원되고 있다. 우리나라
의 경우도 예외는 아니어서, 경제는 날로 어려워지는 데다가, 고
령화시대를 맞이하여 청년 취업은 노년 일자리 문제와 상충하면
서 더더욱 어려움을 겪고 있는 실정이다.

이와 같은 현실 속에서 그나마 다행스러운 것은 퇴직자 또는 퇴
직 예정자들 사이에 도시탈출과 귀농·귀촌의 중요성이 점차 거론
되고 있다는 사실이다. 아직 드물지만 농촌으로 돌아오는 사람들
이 조금씩 늘어나고 있다는 점은 이 어두운 현실 속에서 그나마
찾을 수 있는 여력의 희망이라고 할 수 있겠다.

하지만 문제는 이렇게 귀농을 희망하는 분들 중에는 농사 경험
이 전혀 없거나 어릴 적 농촌에서 자라면서 어깨 너머로 익혔던
농사기술이 대부분이어서 실제 어떤 작물을 어떻게 재배하고 관
리해야 할지 어려워하는 경우가 매우 많다는 점이다.

물론 농업기술센터나 농업기술원 등 농업 관련 연구·지도기관
들을 찾아다니면서 농업 기술을 학습하고 충분히 준비하여 귀농·

귀촌을 하시는 분들도 있고, 그중에는 특수작물을 재배하여 고소득을 올리는 농가들도 더러 있다. 하지만 여전히 귀농·귀촌을 결심하기까지 가장 어려운 부분은 재배할 작목의 선택에서부터 재배, 관리, 수확, 가공 등 체계적 기술을 익힐 마땅한 방법을 잘 모르고 있다는 점이다.

이와 같은 현실에 도움이 되고자 이 책에서는 그동안 대학 강단에서 강의한 자료와 귀농·귀촌을 희망하는 분들을 대상으로 한 농업기술센터에서의 현장 실무를 통해 체득한 자료들을 중심으로 실무적으로 필요한 내용을 정리하였다. 또한 한때 몸담았던 연구소에서 익혀 온 농업기술을 바탕으로 농가 현장을 발로 뛰면서 체득한 경험과 지식들을 최대한 살려, 농가에서 가장 필요한 핵심 내용을 빠뜨리지 않고 정리해 놓았다.

이처럼 자세하고도 쉽게 정리한 내용은 귀농·귀촌자들이 잘 활용할 수 있는 지침서가 될 수 있을 것이라 생각한다. 특히 농가 현장의 현실과 농업인들이 겪고 있는 애로사항을 해결할 수 있는 경험을 그대로 반영하여 실전에서 충분히 활용할 수 있도록 했다. 이를 위해 작물 재배의 현장 사진과 함께 각 식물의 부위 사진을 곁들여 수록했기 때문에 초보자인 귀촌자들도 쉽게 이해할 수 있을 것이라고 본다.

이 책은 다음과 같이 총 3부로 구성되어 있다.

1부에서는 약초재배 총론으로서 약초재배의 전반적인 이론과 기술을 다루었다. 농사경험이 부족한 분들도 손쉽게 농사일을 설계하고 경영될 수 있는 길잡이가 되도록 하였다. '재배환경'으로서의 기상과 토양, '유전적 소인'으로서의 종자나 품종, 식물의 생리·생태를 고려한 '재배기술'의 원리가 알기 쉽게 정리되어 있다.

　2부 각론에서는 우리나라에서 재배가 가능한 약초 중 소비량이 많고, 비교적 가격조건이 좋은 초본 32종과 목본 15종을 선별하여 모두 47종의 약초를 중심으로 농가 현장에서 바로 활용할 수 있는 재배기술을 상세하게 기술하였다.

　3부에서는 지금까지 시험연구기관에서 검정을 마쳐 약초재배에 등록 고시된 작물보호제를 작물별로 일목요연하게 정리하고, 안전사용기준을 요약하여 누구나 쉽게 확인할 수 있도록 정리하였다.

　재배기술 측면에서는 농가 현장의 현실을 반영하여 식물의 생김새와 특징, 재배법, 병충해 예방법과 방제 등의 순서로 정리하였다.

　재배법에서는 각 작물의 재배환경과 품종, 채종법, 번식방법, 주요관리(거름주기와 제초), 수확 및 가공 등 재배 현장에서 바로 이용 가능한 실무적 내용을 중심으로 정리하였다. 그리고 병충해 관리는 지금까지 작물별로 문제가 되는 병해와 충해를 중점적으로 다루었다. 한편 수확 시기는 지역에 따라 차이가 있으므로 식물체별 생태적 특성을 고려하여 지역별로 적절하게 조절되어야 할 것으로 생각된다.

　특히 이 책의 3부에서는 병충해 관리를 위해 지금까지 시험연구기관에서 연구를 통하여 약초에 사용할 수 있도록 등록 고시된 작물보호제 품목을 별도로 정리하였으니, 병충해 방제에 어려움을 겪는 농가에 도움이 되기를 기대한다. 여기에 등록된 약제들은 안전사용기준에 따라 사용하면 되겠지만 아직 등록되지 않고 농가에서 응용하여 관행적으로 사용하고 있는 약제들에 대해서는 농약등록 업무 관련기관이나 회사에서 하루 속히 등록에 필요한 시험 연구 과정을 거쳐 농가에서 안전하게 사용할 수 있는 길을 열어 주길 바란다. 또한 농가에서도 반드시 등록 고시된 작물보호제를 안전사용기준에 따라 사용하도록 해야 할 것이다.

 약초생산에 종사하는 농민들과 이제 막 약초재배를 시작하고자 준비하는 분들을 위해 그동안의 경험과 지식을 정리하여 어려운 농가 현장에 도움을 드리고자 이 책을 기획하였으나 오류나 부족함도 많이 보일 것이다. 이에 대해서는 아낌없는 질책과 조언을 주시면 기꺼이 수정·보완할 것을 약속드린다.
 끝으로 내일은 보다 나은 생명공동체가 되기를 꿈꾸는 우리 농민들의 행복한 삶을 위해, 부족하지만 이 책이 한 삽의 거름이 되기를 희망한다.

2017년 2월 봄이 오는 길목에서
저자 올림

약용식물 재배 이론

초본(草本)

목본(木本)

약초 재배에 사용할 수 있는

작물보호제 · 317

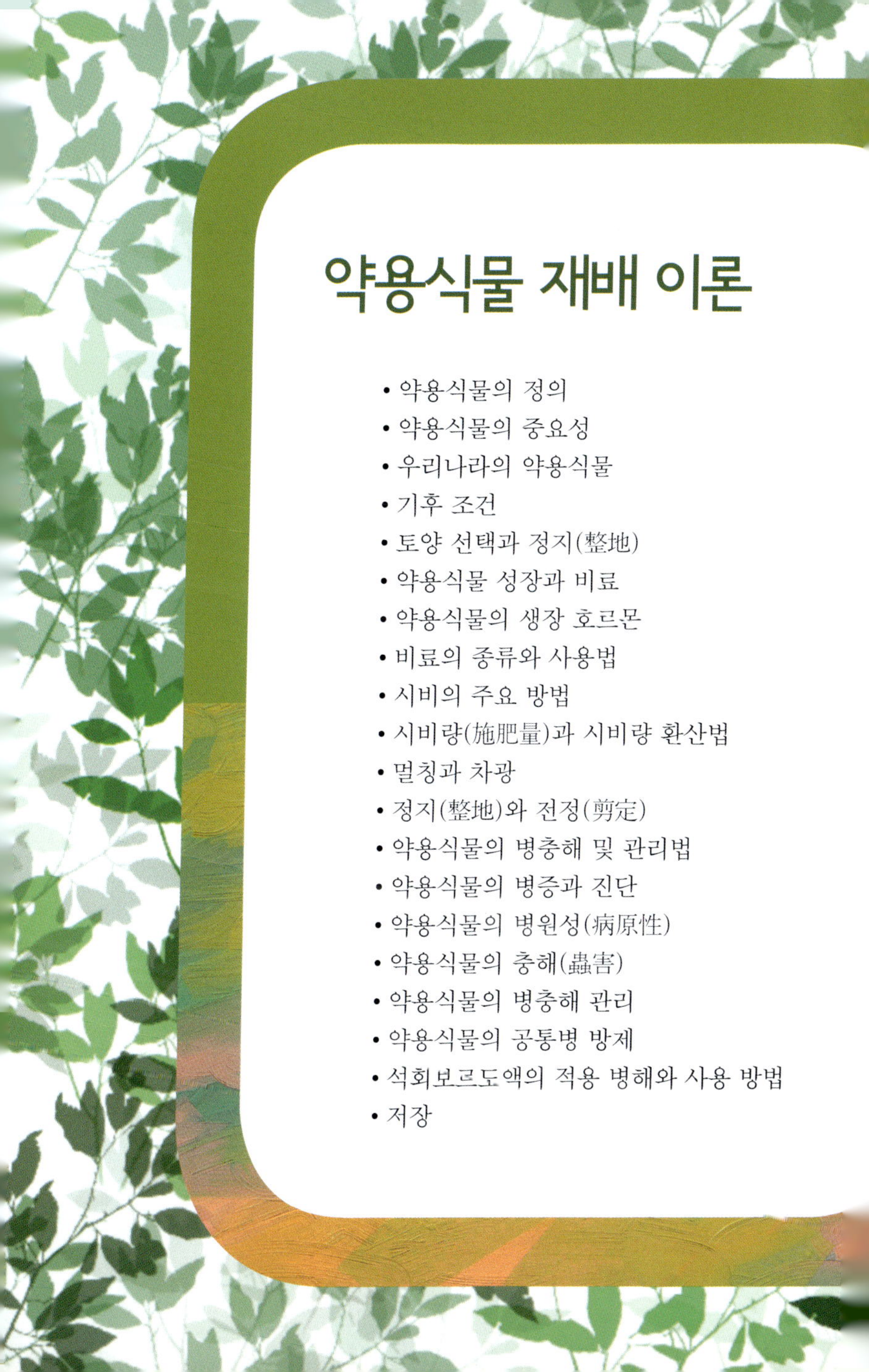

약용식물 재배 이론

- 약용식물의 정의
- 약용식물의 중요성
- 우리나라의 약용식물
- 기후 조건
- 토양 선택과 정지(整地)
- 약용식물 성장과 비료
- 약용식물의 생장 호르몬
- 비료의 종류와 사용법
- 시비의 주요 방법
- 시비량(施肥量)과 시비량 환산법
- 멀칭과 차광
- 정지(整地)와 전정(剪定)
- 약용식물의 병충해 및 관리법
- 약용식물의 병증과 진단
- 약용식물의 병원성(病原性)
- 약용식물의 충해(蟲害)
- 약용식물의 병충해 관리
- 약용식물의 공통병 방제
- 석회보르도액의 적용 병해와 사용 방법
- 저장

약용식물의 정의 

질병 예방과 치료를 위해서 사용하는 식물을 약용식물이라고 한다. 약용식물은 옛날부터 우리 선조들이 질병의 예방과 치료를 위해서 풀과 나무 등 식물을 경험적으로 사용했던 것이다. 약용식물은 그 성분을 이용하여 질병의 예방 치료를 목적으로 생약재(또는 한약재)로 이용하였고, 이 생약재를 이용하여 의약품인 생약(한약)을 만들어 왔다.

동물의 경우에는 자신에게 위험이 닥치면 그 자리를 회피하거나, 자기 방어를 위한 수단을 준비할 수 있다. 또한 생리적으로 자가 면역물질을 합성·분비하고 면역기능을 발휘하는 기능이 있다. 반면에 식물의 경우에는 자발적으로 위치 이동이 불가능하기 때문에 식물체 자체에서 특정한 물질을 분비하여 자신을 보호하는 기전으로 작용해 왔다. 이처럼 자기방어를 위하여 분비되는 물질을 일반적으로 phyto-chemical(식물이 분비하는 화학물질)이라고 한다. 이러한 화학물질은 각종 병원균이나 해충으로부터 자신을 보호해 왔으며, 병해충의 입장에서는 독성물질(toxin)로 작용하였다. 또한 이 독성물질은 병원균을 예방 또는 치료하는 기전으로 작용하기도 하는데 정도의 차이는 있지만 지구상의 거의 모든 식물은 이러한 화학물질을 가지고 있다. 따라서 지금도 이러한 약용식물의 화학물질에 대한 연구 분석을 하고 있으며, 지속적으로 그 성과가 보고되고 있다.

이처럼 약효가 밝혀진 '약용식물' 중에서 그 중요도가 높아 재배되고 있는 식물을 '약용작물'이라고 한다.

약용식물의 중요성

수천 년 동안 약용식물은 원형 그대로 쓰거나 또는 간단한 가공만 하여 약물로 사용해 왔다. 19세기에 이르기까지 동양에서는 전래된 그대로의 종합적 사고방식을 지켜 왔다. 그러나 서구에서는 약용식물의 약효 성분을 분석적으로 탐구하기 시작하여, 동양과 확연하게 다른 길로 발달해 나가게 되었다.

한방에서 널리 쓰이고 민간약과 현존하는 우리나라의 약용식물학은 기초적인 분류, 성분, 약리, 재배에 관한 연구뿐만 아니라 세포 및 조직 배양 등 생물 공학 분야에서도 그 탐구 영역을 넓고 깊게 확대해 나가야 할 것이다.

이론적으로 살펴본다면 항생제로 써온 페니실린, 스트렙토마이신 등을 비롯하여 부교감신경 차단제나 안과용 약으로 쓰이는 아트로핀, 천식(喘息)의 특효약인 에페드린, 회충약인 산토닌 그리고 강심제인 컴프리, 디기탈리스, 카페인, 진해제(기침약)인 코데인, 진통제인 모르핀, 국부 마취제인 코카인 등은 모두 식물체에서 발견하여 화학적으로 추출하여 의료용으로 공급하고 있다. 또한 당약, 용담 등의 생약은 그대로 이용되거나 가루나 즙을 내는 등 약간의 가공만 해서 이용되고 있으며, 도라지, 이질풀, 실경이 등에서 유효 성분을 추출하여 새로운 신약을 만들어 판매하고 있다.

이와 같이 약용식물은 신약의 원료로서뿐만 아니라, 한방의(韓方醫)와 민간에서도 상당한 분량의 생약으로 소비되는 실정이다. 약용작물의 소비는 선진 사회로 갈수록 늘어날 전망이기 때문

참당귀   일천궁

결명자   익모초

에 의약 원료로서 수급 동향을 잘 파악하여 재배하면 농가 소득원으로 중요한 위치를 차지할 것이다.

우리나라에서 재배하는 약초는 인삼을 비롯하여 당귀, 천궁, 작약, 백수오, 백지, 강활, 독활, 익모초, 소엽, 산약, 양유, 지모, 지황, 해방풍, 고본, 황기, 시호, 황금, 만삼, 두충, 결명자, 황정, 생강, 구기자, 대황, 목단, 반하, 산수유, 신이, 오미자, 음양곽, 우슬, 의이인, 창출, 택사, 패모, 향부자, 현삼, 형개, 홍화, 하수오 등 100여 종에 이른다.

우리나라의 약용식물

우리나라의 약용식물에 관한 기록은 『삼국유사』(1280년)에 나오는 환웅천왕(桓雄天王)이 쑥과 마늘을 이용하였다는 설화로부터 비롯된다. 그 후 고구려, 백제, 신라, 고려 시대에 걸쳐 중국 의약학의 영향을 직접 받아 왔으나 조선조의 세종(世宗) 시대에 이르러 당재(唐材 : 중국의 약재)에 대용할 수 있는 국산 약초에 관한 연구가 열매를 맺기 시작하였다.

『세종실록지리지』(世宗實錄地理志)에 의하면 그 당시(1432년)에 이미 경기도 내의 내원(內院)에서 약초 재배를 하였고, 그 후 일반 민간에도 보급하였다. 이언적(李彦迪)의 약초원과 같은 곳은 지금까지도 그 유적이 남아 있기도 하다.

약용식물에 관한 의서(醫書)로서는 조선 세종(13년) 때 유효통, 노중례 등이 정리한 『향약채집월령』(鄕藥採集月令)이 우리나라 최초이며, 여기에는 토산약초(土産藥草)의 채약월차(採藥月次)에 대해 밝혀 놓았다. 또한 세종은 우리나라의 약초를 조사하게 하여 『향약집성방』(鄕藥集成方) 85권을 편찬토록 하였다.

선조(宣祖) 때에는 허준(許浚)에게 명하여 『동의보감』(東醫寶鑑) 25권을 편찬, 저술하게 하였고, 이에 따라 채취뿐 아니라 약용식물을 재배하는 농가가 형성되기 시작하였다.

기후 조건

약용식물을 재배하려면 먼저 우리나라의 특수한 기후와 토질에 대하여 잘 이해해야 한다. 약초가 자라는 자연적 환경 요건과 재배 식물의 생리적 관계를 잘 알고 합리적으로 재배하는 방향이 강구되어야 할 것이다.

우리나라의 공통된 기후 특징과 약용식물 재배와의 관계를 나누면 크게 다음과 같다.

가. 건조기의 재배 기술

봄의 해빙기에는 토양에 다량의 수분이 있으나 파종한 다음 생육에 가장 중요한 시기인 4월부터 6월 사이에는 매년 강수량이 적어 토양이 매우 건조하다. 이 시기에는 종자의 발아, 발육이 나쁘고 진딧물을 비롯한 해충의 발생으로 피해도 많다.

봄 건조기에 강한 약초_ 도라지(길경)

봄 건조기에 약한 약초_ 황기

가을에 파종하는 작물은 토질과 종류 그리고 입지 조건에 따라서 다소 차이가 있겠으나 이랑을 넓고 얇게 만들고 완숙 퇴비를 기비(基肥, 밑거름)로서 충분히 사용하는 것이 유리하다. 종근을 심을 때는 비교적 깊게 심도록 하며 종자의 복토도 보통 때보다 약간 깊게 하는 것이 좋다.

봄에 파종할 경우는 봄철의 건조기를 고려하여 포장의 관개 시설을 잘 갖춘 뒤 집중 관리를 하는 것이 좋다. 종근을 심을 때는 가을에 하는 조건과 달라 퇴비를 일시에 많이 주거나 냄새나는 퇴비를 주면 오히려 건조가 된다. 또한 지하 수분의 상승을 저해하는 현상이 일어나기도 한다. 그러므로 봄철 파종 후에는 짚이나 퇴비 등을 덮어 주도록 한다.

종자의 발아를 좋게 하기 위해서는 전년에 깊이갈이 해 주는 것이 좋다. 봄 파종기에는 흙덩이만 깨고 정지하여 파종하면 수분 유지가 잘 되어 더 발아율이 좋다. 특기할 것은 패모는 6월 하순경 수확하게 되는데, 이 건조기에 가장 생육이 왕성할 때이므로 전년 가을 인경을 심고 완숙 퇴비를 시용하여 한발의 해를 적게 받도록 해야 한다.

1) 봄 건조기에 강한 약초의 종류

결명자, 작약, 목단, 백지, 독활, 당귀, 지황, 홍화, 익모초, 맥문동, 도라지(길경)

2) 봄 건조기에 약한 약초의 종류

형개, 디기탈리스, 시호, 일당귀, 현삼, 황기

나. 장마기의 재배 기술

우리나라의 연평균 강수량은 1,200~1,300mm 정도이다. 그런데 일년 중 7~8월에 비가 집중적으로 쏟아지기 때문에 연평균 강수량의 반 이상이 이 시기에 형성된다. 이때의 토양은 과습하여 비옥한 표토가 유실되는데, 진흙땅에서는 작업이 곤란해질 뿐만 아니라 잡초도 무성하게 자라난다. 그 때문에 지황, 당귀 등과 같은 숙근성 약초의 뿌리가 썩기 쉽고, 잡초와 경쟁에 뒤진 줄기나 잎은 생육이 부진하여 개화, 결실이 나빠진다. 따라서 이 시기에는 이랑을 높이고 배수구를 만들어 과습하지 않도록 대비한다.

다. 가을의 재배 기술

9월에 들어서 맑은 날씨가 계속되면 종자 결실률이 좋아지고 성숙이 빨라지나 약초의 종류에 따라서는 늦가을까지 생장이 지속되는 경우도 있다. 따라서 생장 기간 중에 수확을 해야 하기 때문에 퇴비를 사용할 경우 기비로 사용한다. 예를 들면 구기자, 지황, 천궁 등은 이러한 경우를 고려하여 추비(追肥)에 치중하는 것보다 기비로 사용하는 것이 좋을 것이다.

라. 냉한기의 재배 기술

중부 이북 지방에서는 남부 지방보다 겨울이 길고 추위가 혹독하기 때문에 특수한 약초 종자는 가을에 파종하지만 대부분의 약초는 주로 봄에 많이 파종하고 있다.

가을에 파종할 경우 토양이 겨울 동안 얼었다 녹았다 하기 때문에 종자, 종근이 지상으로 노출되어 한해(寒害)를 입을 수 있으니 특히 복토에 주의하고 짚이나 퇴비 등을 덮어 주는 것이 좋다. 또한 음습지, 경질토에는 서릿발이 생겨서 종자, 종묘 등을 노출시켜 얼어 죽게 하므로 가능하면 이러한 토양에는 심지 않는 것이 좋다. 한편 초겨울과 해빙기에는 흙 밟기를 실시하도록 한다.

토양 선택과 정지(整地)

　토양은 고체, 액체, 기체의 세 가지 물질이 결합해 있는 복잡한 성상(性狀)의 자연 고체이다. 토양의 모든 변화는 이 세 가지 물질과 긴밀한 관계가 있다.

가. 토양 선택

　식물 생장 특성을 고려하여 선택해야 하지만, 대부분의 약용식물은 토양 조성이 좋은, 비옥하고 부드러우며 배수가 잘 되고 약산성~중성 반응을 나타내는 사질 양토에서 잘 자란다.

나. 토양 경운(耕耘)

　토양의 물리적 성질을 변화시켜 보수, 보비력을 증강시키고, 잡초와 병충해를 소멸시키는 것이 식물의 생장을 돕는 것이다.

1) 심경(深耕, 깊이갈이)

　깊게 뒤집어 가는 방법으로 주로 봄, 가을에 실시한다. 만삼, 우슬, 백지 등 깊은 뿌리를 약용으로 쓰는 약용식물의 재배에 필요하다. 심경할 때에는 기비(基肥 : 밑거름)를 반드시 살포해야 한다.

2) 정지(整地)

　밭갈이 후에는 정지 작업을 해야 하는데 평평하고 가늘게 써레질을 하여 수분 증발을 방지하는 것이 중요하다. 또 약용식물의 생장 특성을 고려하여 지세의 고저와 강우 상황을 따져 두둑을 만들어야 한다. 두둑이 관개에 편리해야 지온을 상승시킬 수 있고 기계화 영농에 편리하다.

약용식물 성장과 비료

식물체 중에 들어 있는 원소 중 식물이 자라는 데 꼭 필요한 원소를 필수 원소라고 한다. 비록 그 양이 미량이더라도 그 원소가 필요 불가결한 것이면 필수 원소라 할 수 있다. 식물이 요구하는 필수 원소의 많고 적음에 따라 다량 원소와 미량 원소로 나뉜다.

지금까지의 연구로 알려진 다량 원소는 탄소(C), 수소(H), 산소(O), 질소(N), 인(P), 칼륨(K), 칼슘(Ca), 황(S), 마그네슘(Mg)의 9원소이고, 미량 원소는 철(Fe), 망간(Mn), 구리(Cu), 아연(Zn), 몰리브덴(Mo), 붕소(B), 염소(Cl)의 7원소이다(여기서 철(Fe)은 다량 원소로 분류하기도 한다).

그 밖에 콩과 작물 약초의 질소고정에 코발트(Co), 율무나 대맥 등의 화본과 작물에 규소(Si), 차조기나 시금치 등에 나트륨(Na) 등이 유익하지만 아직 필수 원소로는 증명되지 않았다.

> ■ **필수 원소**
> - 다량 원소(9원소) : C, H, O, N, P, K, Ca, S, Mg
> - 미량 원소(7원소) : Fe, Mn, Cu, Zn, Mo, B, Cl
> - 유용 원소 : Na, Si, Al, Se, Co, Ni, Sr, Rb

이들 필수 원소는 대기로부터 식물의 기공을 통하여 흡수되는 탄소(C), 수소(H), 산소(O)를 제외하고 뿌리로부터 물, 무기화합물 또는 유기 화합물의 형태로 흡수된다.

가. 질소(N)

질소는 세포 원형질의 주성분인 단백질의 구성 성분이며, 식물에서는 극히 중요한 양분이다. 건물(乾物) 중 질소를 함유하는 유기물이 차지하는 비율은 5~30%이다. 질소는 보통 암모니아태질소(NH_4-N)와 질산태질소(NO_3-N)의 형태로 식물에 흡수된다.

나. 인산(P)

인산은 약초의 체내에서 무기인산, 당인산 에스텔, 높은 에너지를 만드는 인산화합물, 인지질, 핵단백질 등의 형태로 존재한다. 체내에서 엽록체로 광인산화 반응이나 과인산 분해 반응 등으로 에너지 전환에 인산을 매개로 하는 중요한 역할을 한다.

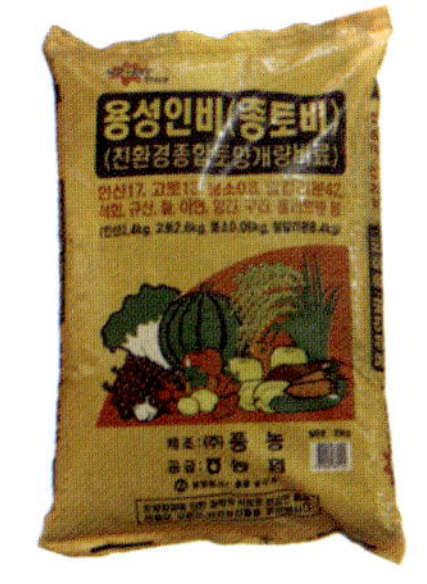

인산은 탄수화물과 화합물을 형성하여 다른 물질로 변화하는 데 이용되며 탄수화물 대사와 에너지 대사에 중요한 역할을 한다. 인을 함유하는 핵산, 핵단백, 인지질 등은 원형질의 구성 성분이므로 세포의 생장, 번식에 필수 원소이다.

다. 칼륨(K)

칼륨은 식물체를 튼튼하게 하고, 병해에 저항하는 성질을 강하게 한다. 칼륨을 알맞게 주면, 광합성을 높여 탄수화물이 풍부하게 되고, 세포벽을 두텁게 한다. 반면 칼륨이 결핍되면, 아미드 등이 미소화질소가 축적되어 약초의 병해 발생이나 생육의 이상을 초래한다. 또 칼륨이 결핍되면 호흡이 왕성해

저, 식물체 내에 비축된 탄수화물의 소비가 증대하기 때문에 당도
가 내려가고, 생육도 나빠진다. 일조 부족이나 야간 온도가 높을
때에는 약초에 대한 칼륨 시용 효과가 확실히 나타난다.

칼륨비료의 주된 성분은 황산칼륨(K_2SO_4)과 염화칼륨(KCl)이며
모두 수용성인 칼륨을 함유한 속효성이다. 줄기의 비료라 할 만큼
줄기를 견고하게 하고, 구근이나 근경을 요하는 약용식물인 맥문
동의 괴근, 천궁, 작약, 목단, 감초에 많이 요구된다.

라. 칼슘(Ca)

칼슘은 식물체 내에서 이동이 잘 되지 않는
다. 즉 재전류(再轉流) 보급이 거의 안 된다. 그
러므로 칼슘이 결핍되면 먼저 새 뿌리, 정아(頂
芽), 과실 등 생장이 왕성한 부위부터 장해가 나
타난다. 칼슘은 약용식물의 세포막을 강건하게
하고, 해로운 물질의 주입을 막아 주며, 체내 노
폐물의 축적을 제거하는데, 체내의 이동은 느

리다. 약용식물에 칼슘비료를 많이 주면 생산량을 높이고 품질을
개선할 수가 있다. 인삼, 당삼, 황련, 서양삼 등의 근류 식물에 칼
슘을 증시하는 경우 효과를 얻을 수 있다.

마. 붕소(B)

식물체 내의 탄수화물의 변화를 촉진하여 촉매 또는 반응 조절
물질로 작용한다. 근류균의 근류 형성과 질소고정을 증가시켜 주
고 뿌리의 발육을 촉진시킨다. 결핍되면 수정, 결실이 나빠진다.

바. 몰리브덴(Mo)

질소 환원 효소의 구성 성분이며 질소 대사에 필요하고 콩과 작
물 근류균의 질소 고정에도 필요하다. 결핍되면 황백화되고 모자
이크 병에 가까운 증세가 나타난다.

사. 아연(Zn)

아연은 촉매 또는 반응조절 물질로 작용하며 단백질과 탄수화물의 대사에 관여하고, 엽록소의 생성에도 관여하는 것으로 알려져 있다. 결핍되면 황백화, 괴사, 조기낙엽 등을 초래한다.

아. 구리(Cu)

구리는 단백으로서 효소 작용을 하며 광합성 호흡 작용 등에 관여하고, 엽록소의 생성도 조성한다. 결핍되면 황백화, 괴사, 조기낙엽 등을 초래한다.

자. 망간(Mn)

광합성에서 망간은 중요한 역할을 한다. 특히 산소 발생계의 반응에 관여한다. 그 외에도 효소 반응이나, 산화 환원 전위의 조절 기능을 한다. 망간이 결핍되면 호상(縞狀)이나 반점상의 황화를 나타낸다. 망간은 철과는 길항 작용을 한다.

차. 철분(Fe)

철은 어떤 토양에도 다량 포함되어 있다. 토양 중에서의 용해도는 극히 적다. 보통 호기적인 밭 토양 조건에서는 불용태의 형태로 존재한다고 본다.

약초는 뿌리에서 분비하는 유기산 등의 신선 물질이나, 킬레이드 작용을 하는 물질을 분비하여 철을 녹여 흡수한다. 또 환원 작용에 의하여 2가철(Fe^{++})의 형태로 흡수하기도 한다.

약초 체내에 흡수된 철은 지상부로 이동하여 경엽의 각부로 전해지는데, 그중에도 정아(頂芽), 액아(腋芽)의 분열 조직, 어린 잎에 우선적으로 섭취된다.

약용식물의 생장 호르몬

식물체가 생육하려면 식물이 외계로부터 흡수하는 물질과 에너지, 즉 수분, 빛에너지, 이산화탄소, 무기염류 등과 더불어 체내에 있어서 특수한 화학 물질이 요구된다. 이 특수한 화학 물질을 식물 호르몬이라 하는데, 극소량으로도 큰 효과를 나타내고 보통 식물 자체에서도 생성된다. 호르몬이란 식물체 내의 어떤 기관이나 부분에서 생성되어 체내의 다른 기관이나 또는 부분에 이행하여 특수한 반응을 일으키는 물질을 말하며, 그중에서 특히 생장을 지배하는 호르몬을 생장 호르몬이라 한다.

식물은 저장 영양 물질을 이용하여 세포가 증식되고 생장하게 된다. 식물체는 호르몬의 분포와 작용에 의해 각각 필요한 방향으로 세포를 증식시켜 생장한다. 이를테면 줄기의 배지성(背地性) 및 향일성(向日性)과 뿌리의 배일성(背日性)이 그것이다.

식물의 어린 묘(苗)를 수평으로 두거나 또는 다소 경사지게 하면 싹(芽)은 중력과 반대 방향으로 향하고 뿌리는 중력의 방향으로 향한다. 이것은 배지성과 향지성의 결과이다. 이것은 지상부에서는 중력의 반대 방향으로 생장 호르몬이 작용하고, 뿌리에서는 그 반대로 작용하기 때문이다. 또 어린 묘에 광선을 쬐면 광선 쪽으로 생장하게 되고, 뿌리는 반대쪽으로 생장한다. 이것은 줄기에서는 광선이 쬐는 반대쪽에 생장 호르몬이 생성되어 생장을 촉진한 결과이다.

가. 옥신(Auxin)

식물에서 처음으로 발견된 생장 호르몬은 옥신(Auxin)이다. 이 것은 곧 합성품이 나왔고, 또 그 후에 화학구조가 유사한 합성물을 만들어 옥신보다 효력이 좋은 생장 호르몬도 많이 발견되거나 합성되었다. 현재 많이 사용되고 있는 생장 호르몬은 NAA, 2,4-D 등이다. 옥신의 작용으로는 줄기와 초엽의 신장, 빛이나 중력에 의한 굴곡, 부정근 형성, 목부의 분화, 과실의 생장, 형성층의 활성 등의 작용이 있는 반면 뿌리와 신장 잎의 노화, 낙화를 억제하는 작용도 있다.

나. 지베렐린(Gibberellin)

벼 병충해의 일종으로 줄기가 이상 발육을 하여 벼이삭이 나오지 않고 말라죽는 병충해가 있는데 그 병원균은 벼키다리병원 (*Gibberella fujikuroi*)임이 밝혀졌다. 1938년 이 균의 배양에서 지베렐린이 분리되었고 그 화학 구조도 밝혀졌다. 이들 성분은 모든 식물에 대하여 생장 촉진 작용을 나타낸다. 한편 감귤류(*Citrus*)속 식물의 어린 싹 및 다른 많은 식물에서도 검출되어 옥신과 같이 식물의 생장을 촉진하는 물질로 알려졌다.

다. 생장 호르몬의 응용

생장 호르몬은 발근소(拔根素)로서 삽목(揷木) 등에 많이 응용되고 있다. 그중에서도 합성 호르몬인 NAA(naphthalene acetic acid) 등이 많이 사용되고 있다. 또 뿌리에는 과잉 생장 호르몬이 오히려 해롭기 때문에 2,4-D 등은 제초제로 사용되고 있다. 이 경우 벼과 식물은 비교적 저항이 강하므로 논 또는 잔디밭 등의 잡초 제거에 효과가 크다. 지베렐린 및 합성 생장 호르몬은 꽃에 살포하면 수정이 되지 않은 채 자방(子房)만이 비대 생장되기 때문에 씨 없는 수박, 씨 없는 포도 등의 재배에 응용된다.

비료의 종류와 사용법

비료는 식물에 영향을 주거나 식물의 재배를 돕기 위하여 흙에서 화학적 변화를 가져오게 하는 물질이다. 비료는 크게 유기질 비료와 무기질 비료로 나눌 수 있다. 유기질 비료는 N·P·K 등 3요소와 기타 요소 및 미량 원소를 함유하고 있어 완전 비료라 하지만 반드시 토양 미생물의 분해를 통하여 식물에 이용될 수 있어서 효능이 늦게 나타나 지효성 비료(遲效性肥料)라 하기도 한다.

가. 효과(效果)의 발생 양식에 따른 분류

① 직접 비료(直接肥料) : 비료 요소를 함유

- 질소질 비료(窒素質肥料) : 요소, 유안, 인산암모늄(인안), 석회질소 등
- 인산질 비료(燐酸質肥料) : 과석, 중과석, 용성인비 등
- 칼리질 비료(加里質肥料) : 염화칼리, 황산칼리 등
- 기타 : 규산, 퇴비, 붕산, 황산망간, 황산마그네슘 등

② 간접 비료(間接肥料) : 토양의 이화학적 성질의 개선을 통하여 간접 효과

- 석회질 비료(石灰質肥料), 세균성 비료(細菌性肥料), 토양 개량제(土壤改良劑), 호르몬제

나. 비효(肥效)가 나타나는 지속성(遲速性)에 따른 분류

① 속효성 비료(速效性肥料) : 요소, 유안, 과석, 염화칼리 등
② 완효성 비료(緩效性肥料) : 깻묵, CDU, IBDU 등
③ 지효성 비료(遲效性肥料) : 퇴비, 구비 등

다. 생리적 반응에 따른 분류

① 생리적 산성 비료(酸性肥料) : 유안, 황산칼리, 염화칼리, 염안 등
② 생리적 중성 비료(中性肥料) : 초안, 요소, 질안, 과석 등
③ 생리적 염기성 비료(鹽基性肥料) : 석회질소, 재, 어비(魚肥),
용성인비 등

라. 급원(給源)에 따른 분류

① 광물질 비료(鑛物質肥料) : 요소, 유안, 과석, 염화칼리 등
② 동물질 비료(動物質肥料) : 어분, 골분(骨粉), 계분 등
③ 식물질 비료(植物質肥料) : 퇴비, 구비, 깻묵 등

마. 경제적 견지(見地)에 따른 분류

① 금비(金肥) 또는 판매 비료 : 요소, 과석, 염화칼리 등
② 자급 비료(自給肥料) : 퇴비, 구비, 녹비 등

〈화학 비료 종류에 따른 토양 반응〉

화학적 반응(비료)	비료 종류	생리적 반응(토양 내) 칼륨
산성	과인산석회(과석)	중성
	중과인산석회(중과석)	
	질산암모늄(질안)	
	요소	
중성	황산암모늄(유안)	산성
	염화암모늄(염안)	
	황산칼리	
	염화칼리	
	황산고토비료	
알칼리성	석회질소	알칼리성
	용성인비	

종류	질소	인산	칼리	종류	질소	인산	칼리
요소 $(NH_2)_2CO$	20~21	–	–	구비(牛)	0.34	0.16	0.40
유안 $(NH_4)_2SO_4$	20~21	–	–	구비(豚)	0.45	0.19	0.60
석회질소 $CaCN_2$	20~21	–	–	계분(生)	1.63	1.55	0.75
과인산석회	–	16~20	–	계분(乾)	3.50	3.0	1.20
중과인산석회	–	44	–	퇴비	0.50	0.26	0.50
용성인비	–	18~22	–	녹비(생)	0.48	0.18	0.37
염화칼리 KCl	–	–	40~60	면실박	6.0	2.6	1.50
황산칼리 K_2SO_4	–	–	48~50	탈지강	2.08	3.78	1.40
짚재	–	3.7	9.6	대두박	6.50	1.40	1.8
인분뇨	0.57	0.13	0.27	깻묵	5.57	2.51	1.02

시비의 주요 방법

가. 기비

일반적으로 갈아엎기를 하기 전 비료를 지면에 골고루 살포하는 것으로, 밀식한 약용식물은 이 방법을 사용한다.

나. 엽면시비

1) 엽면살포가 필요한 경우

① 뿌리가 양분을 흡수하지 못할 때 : 뿌리가 상했을 때(과비, 수분 부족, 미숙 퇴비 사용으로 인한 가스 장해 등으로) 또는 뿌리가 충분히 뻗지 못한 작물은 뿌리로부터 양분 흡수가 잘 안 된다. 그러므로 필요 양분을 잎의 기공을 통하여 보급하여 빨리 수세를 회복시켜 뿌리를 뻗게 하는 것이 중요하다. 뿌리를 회복시킨 후 추비를 한다. 식사를 못하는 환자에게 영양 주사를 놓는 것과 같다.

② 양분의 공급이 신속히 되지 않을 때 : 식물이 필요로 하는 양분에 대하여 뿌리에서 공급되는 양분이 모자라는 경우가 있다. 특히 과채류 약초의 경우 과실의 수량 증가에 따라 일시적으로 뿌리가 흡수하는 것이 부족할 때가 있다. 이와 같은 때는 즉효성의 엽면시비로 체력을 유지시키면서 추비로 보급한다.

③ 균형적인 양분 공급의 조설이 필요할 때 : 식물체 내의 양분의 균형이 무너지면, 뿌리로부터의 양분 흡수의 균형도 무너진다. 이와 같은 때에 특정 양분을 보급하여 양분

의 균형을 정비한다. 또 수세(樹勢)나 과실의 균형을 조절
할 때도 마찬가지이다. 특히 필요한 성분만을 보급할 때
도 효과적이다.

2) 엽면살포의 주의 사항

① 날씨가 좋은 날은 오전 중 살포를 피한다. 광합성이 왕성
한 오전 중에 기공(숨구멍)을 닫아서 광합성을 못하게 하
기 때문이다. 저녁까지 살포액이 건조될 수 있는 시간대에
하는 것이 좋다. 저녁까지 마르지 않으면, 야간에 습기가
남아서 발병의 원인이 된다.

② 고온 시는 살포를 피한다. 고온이 되면 증발 농축 현상이
일어나서 잎이 탄다.

③ 비 오는 날은 피한다. 하우스 안은 과습하기 때문이다. 그
러나 노지의 경우는 엽면시비로 고농도(25~50배)의 살포
가 효과적일 수 있다.

④ 표시된 사용설명서에 따라 사용 농도와 회수를 잘 준수
해야 한다.

다. 엽면시비한 원소의 흡수 및 이동

작물의 흡수는 주로 기공, 표피세포의 간극 및 표피층을 통해서
흡수가 이루어진다. 그중 기공은 살포한 물질의 특성에 관계없이
주요 흡수구로서 역할을 한다. 엽면에 살포된 이온이 흡수되는 경
로는 확산(요소), 효소적인 가수분해(요소), 이온 교환(고토, 칼슘,
칼륨, 나트륨 등), 능동적인 흡수(인산, 황, 염소, 코발트)의 과정을 거
친다. 식물체 내에서 이동성이 있는 이온은 황(S), 염소(Cl), 인(P),
칼륨(K), 나트륨(Na) 등이 있으며, 부분적인 이동성을 가진 이온
으로는 아연(Zn), 구리(Cu), 망간(Mn), 철(Fe), 몰리브덴(Mo)이다.
비이동성 이온은 칼슘(Ca) 등으로, 엽면에서의 이동은 사관부에서
시작되는데 이동 시에 빛에너지가 요구되는 이온은 인(P), 코발트

(Co), 염소(Cl) 등이 있다.

작물에 살포된 이온 흡수에 있어서 방해되는 요인으로는 이온 경쟁, 산도, 온도, 습도, 빛 등이 있으며, 에너지도 작용에 영향을 미친다(이온 경쟁과 산도가 대표적인 방해 요인임).

① 이온 경쟁 : 이온 상호 간의 길항 작용에 의해 균형 흡수가 되지 못하고 어느 한 가지 요소가 과다 흡수되거나 흡수가 되지 못하는 경우 등(미량 요소와 양이온 사이)을 말한다.

② 산도 : 산도의 높고 낮음에 따라 차이가 나타나는데 통상 산도 pH 5.5~6.5 사이에서 흡수가 잘 이루어지나 인산, 황, 염소, 요오드의 경우는 pH 5~8 범위에서 가장 잘 이루어진다.

③ 온도 : 모든 작물은 15~30℃에서 흡수가 가장 잘 이루어지고 있으나 콩의 경우 인산의 흡수 및 이동은 10~15℃에서 잘 이루어진다(특히 낮은 온도에서는 인산의 이동이 지연).

④ 습도 : 엽면시비 후 습도가 유지될 경우는 흡수가 증대되나 건조한 상태에서는 흡수율이 감소된다. 그 외 질소의 경우는 낮보다 저녁에 흡수가 더 빠르며 특히 칼슘이나 고토의 경우는 뿌리에서 흡수되는 것보다도 엽면을 통한 흡수가 더 빠르다.

디. 효과적인 엽면살포의 기술

1) 엽면살포 시기

엽면살포란 식물이 필요로 하는 양분을 잎으로부터 흡수시키는 기술이다. 양분 흡수가 왕성하게 이루어지는 것은 오전 중이나 이때 엽면실포를 하면 기공이 닫혀 그날의 광합성이 끝나 버린다. 그러므로 광합성이 끝날 저녁 무렵에 하는 것이 좋다. 하지만 이때 살포액이 잎을 꺼서 밤이 되어도 마르지 않으면 발병의 원인이 될 수 있으므로 주의한다. 한편, 미량 요소 실핍증 등 긴급을 요할 때는 흡수가 가장 왕성한 오전 중에 한다. 이 경우는 아침 이슬이 마를 시간대에 살포하면 광합성의 억제 없이 사용 효과를 높일 수 있을 것이다.

2) 살포 부위

잎 뒷면에 기공이 있다. 이 기공을 통하여 엽면살포한 양분의 흡수가 이루어진다. 오래된 잎보다 새 잎의 흡수가 활발하다. 그러므로 잎 표면보다 잎 뒷면, 지난해부터 남아 있는 해묵은 잎보다 새로운 잎에 살포하는 것이 효과적이라 할 수 있다. 또한 비료의 성분에 따라서 식물체 내에서 이동의 난이도가 다르다. 이동하기 쉬운 것은 어느 정도 살포가 고르지 못해도 좋지만 이동하기 어려운 것은 구석구석까지 안 가는 곳이 없도록 고루 살포해야 한다.

- 이동하기 쉬운 성분 : 질소(N), 인산(P), 칼륨(K), 마그네슘(Mg), 망간(Mn), 몰리브덴(Mo), 붕소(B)
- 이동하기 어려운 성분 : 칼슘(Ca), 아연(Zn), 구리(Cu), 철(Fe) 등의 금속

3) 살포 농도

엽면살포의 경우 효과를 높이기 위하여 농도를 높여서는 안 되며, 또 일정 농도를 초과하지 않더라도 온도가 높으면 장해를 일으킬 수가 있다. 예를 들어 살포 농도 표시에 800~1,000배라 하면 800배의 진한 농도에서도 약해가 일어나지 않고 1,000배의 묽은 농도에서도 충분한 효과가 있다는 뜻이다. 온도에 따라서 농도를 변하게 하는 것도 중요하다.

약해를 일으키지 않는 온도별 농도는 다른데, 그 예로 100배로 사용하는 엽면살포의 경우는 다음 표(온도에 따른 희석 배수)와 같다.

기온(℃)	살포 농도	예로서의 배수
~20	10배	100배
20~25	12배	120배
25~30	16배	160배
30~35	20배	200배

4) 살포 횟수

‘며칠 간격 몇 회 살포’라는 표식은 비료의 지속 기간이 어느 정도인가를 말하는 것이다. 비료의 경우 응급처치로 최저 살포 회수를 말한다. 엽면살포를 지나치게 많이 하면 뿌리가 약화될 수 있으므로 주의한다.

- 4~5일 간격 3회 이상 : 질소(N), 인산(P), 칼륨(K)
- 10일 간격 3회 이상 : 칼슘(Ca), 마그네슘(Mg)
- 10일 간격 3회 이상 : 미량 요소

마. 혼합비료 사용과 배합의 정확성

화학 비료와 유기 비료를 혼합하여 사용하면 효과가 더욱 좋다. 그러나 모든 비료를 마음대로 혼합하여 사용할 수는 없으므로 반드시 비료의 화학 성질에 주의를 기울여야 한다. 산성과 알칼리성의 비료를 혼합하여 쓸 수 없는 것으로 황산암모늄(유안)이 있으며, 인분뇨에 석회, 회류, 토머스 인비 등의 염기성 비료를 혼합하여도 사용할 수 없다.

시비량(施肥量)과 시비량 환산법

작물의 생육이 순조롭게 이루어지려면 각 생육 단계에서 요구되는 성분이 끊임없이 시중에서 공급되어야 하는데 그 부족한 것을 비료로 공급해 주는 것이 시비(施肥)의 기술이다. 따라서 시비량은 작물의 종류 및 품종, 기후 조건, 재배 양식 등에 따라 큰 차이가 있다.

가. 성분량을 실중량으로 환산하는 방법

$$\text{주려고 하는 성분량} \times \frac{100}{\text{주려고 하는 비료의 성분 함량}} = \text{주려고 하는 비료 실량}$$

예 성분량으로 질소 20kg을 주고자 할 때 요소(질소 46%)로서 얼마인가?

$$20\text{kg} \times \frac{100}{46} = 43.5\text{kg}$$

나. 실중량을 성분량으로 환산하는 방법

$$\text{갖고 있는 비료의 무게} \times \frac{\text{갖고 있는 비료 중의 성분 함량}}{100} = \text{성분량}$$

예 요소(질소 46%) 10kg 중의 질소 성분은?

$$10\text{kg} \times \frac{46}{100} = 4.6\text{kg}$$

다. 복합 비료를 줄 때 계산하는 방법

복합 비료 중에 성분량이 가장 많은 성분을 기준으로 단비와 같이 계산하고 모자라는 양은 단비로 보충한다.

예 10a당 질소 7kg, 인산 7kg, 칼리 8kg을 16-11-12 복합 비료로 주고자 할 때 몇 kg을 주어야 하나?

- 복합비료 16-11-12에는 질소 성분이 가장 많으므로 질소를 기준으로 한다.

$$7\text{kg} \times \frac{100}{16} = 43.75\text{kg}$$

- 인산 : 복합 비료 중에 모자라는 인산을 단비로 보충해 줄 경우

$$43.75\text{kg} \times \frac{11}{100} = 4.8\text{kg} : 복합 비료 중의 인산 성분량$$

$$7.0\text{kg} - 4.8\text{kg} = 2.2\text{kg} : 복합 비료를 주고 모자라는 인산 성분량$$

$$2.2\text{kg} \times \frac{100}{16} = 13.75\text{kg} : 밑거름으로 용성인비 등 단비로 보충할 양$$

- 칼리 : 복합 비료 중에 모자라는 칼리 성분을 케이마그로 보충할 경우

$$43.75\text{kg} \times \frac{12}{100} = 5.25\text{kg} : 복합 비료 중의 칼리 성분량$$

$$8\text{kg} - 5.25\text{kg} = 2.75\text{kg} : 복합 비료를 주고 모자라는 칼리 성분량$$

$$2.75\text{kg} \times \frac{100}{22} = 12.5\text{kg} : 밑거름을 케이마그로 보충할 양$$

멀칭과 차광

가. 멀칭(mulching)

나뭇잎, 짚, 비닐, 부직포 등을 이용하여 지면을 덮는 것을 멀칭이라 한다. 멀칭을 하게 되면 토양 수분의 증발 및 잡초의 발생을 방지하고, 표토가 쉽게 굳어지지 않게 하며 토양의 양분을 증가시킬 수 있다.

〈멀칭의 재료〉

낙엽	볏짚	비닐
나무껍질	부직포	왕겨

① 생장기 멀칭에는 파종 후 발아가 느리고 종자가 미세한 식물
은 비교적 얇게 덮기 때문에 지면이 건조되기 쉽다. 이런 경
우 멀칭을 하는데 당삼, 서양삼, 삼칠 등에 이용된다.

② 휴면기 멀칭은 겨울철에 동해가 발생하기 쉬운 인삼, 서양삼
에 습도를 유지시키고 안전하게 월동할 수 있도록 실시한다.

③ 약용식물 중 특히 열대, 아열대 식물을 도입할 경우 완전한
방한 시설이 되도록 주의해야 한다. 이에 파종 이식기를 조
절하거나 정지 등의 조치를 취할 수 있으며, 성숙을 앞당기게
하여 서리나 동해(凍害) 피해를 입기 전에 수확할 수도 있다.

나. 차광과 지주

음지성 식물인 인삼, 삼칠, 황련 등은 고온과 빛의 피해를 막기
위해 차광 시설을 해야 하며, 차광막 내의 투광도도 합리적으로
조절해야 한다.

또한 줄기가 똑바로 자랄 수 있도록 재배할 때에 지주를 설치하
기도 하는데 초본성 덩굴식물은 지주를 설치하기가 간단하고 쉽
지만, 목본성 덩굴식물은 생장 가지가 길기 때문에 견고하게 설
치한다.

지주의 재질은 식물에 따라서 견고성과 함께 경제성을 고려하
여 선택해야 히며, 무엇보다도 식물체가 성숙했을 때 그 무게를 충
분히 지지할 수 있도록 해야 한다.

설치방법 또한 통기성과 경제성을 고려하여 수일자형, ∧형, ㅣㅣ
형 외에도 폐비닐하우스의 지주를 재활용하는 방법 등을 고려해
야 한다.

정지(整地)와 전정(剪定)

정지를 하면 결과지를 배양하여 좋은 결실을 얻을 수 있다. 정지는 통풍, 채광 조건을 개선하고 동화작용을 향상시킬 수 있으며, 병충해 피해를 감소시킨다. 또 양분과 수분의 이동을 좋게 하여 양분의 소모를 줄이고, 오래된 나무의 생활력을 향상시킬 수 있다.

전정은 가지와 뿌리를 포함하는데 가지치기는 목본 약용식물에 주로 하지만 때로는 초본성 식물에도 가능하다. 어린 나무일 경우는 가볍게 전정해서 일정한 수형이 잡히도록 한다. 구기자 등의 어린 나무는 자주 가위질하여 수세(樹勢) 회복과 상대적 평형을 유지해 주고, 결과지(열매가 달리는 가지)를 잘 유도해 준다. 전정은 이른 봄 싹이 트기 전에 하는데 전정된 가지는 잡목에 이용해도 좋다. 뿌리의 전정은 특수한 경우의 다년생 식물에 요구되는데 작약 등은 과다한 곁가지를 제거하여 남겨진 뿌리의 생장이 비대해지게 하여 가공하기 좋게 한다.

구기자나무는 어린 나무일 때 자주 가위질하여
수세 회복을 돕는다.

잘 익은 구기자 열매

약용식물의 병충해 및 관리법 

산국의 병해 중 잎을 말라죽게 하는 것으로 검은무늬병, 갈색무늬병, 점무늬병, 잎마름선충병[엽고선충병(葉枯線蟲病)] 등이 있다. 잎마름선충병은 선충(길이 약 0.5mm)이 기생하여 발생하며, 그 밖의 것은 모두 균류(菌類)의 기생에 의해 발생한다.

이처럼 생물 요소에서 진균, 세균 등은 식물체에 들어가 병해를 일으키며 전염성이 있어 기생성 병해(寄生性病害)라 부른다.

생리적 장애, 즉 가뭄, 침수, 추위, 영양 불균형 등은 생리기능에 영향을 끼치거나 손상을 준다. 기생성 병해는 병원균의 작용에 의해서뿐만 아니라 기주(寄主)의 생리 상태 및 외부조건과도 밀접한 관계가 있으며, 이는 병원균, 기주 식물, 환경 조건의 상호작용에 의해 결정된다.

약용식물의 주요 사용 목적은 환자의 질병을 치료하기 위한 것이므로 병해충 관리에 보다 신중해야 한다. 가능하면 작물 보호제에 의한 방제를 최소화하고, 생물학적 방제나 물리적 환경 조정 등의 방법으로 관리하는 것이 좋다.

약용식물의 병증과 진단 

병이나 상처 때문에 식물의 외부에 형태 변화가 나타나는데 이를 증상(症狀)이라 한다. 병해의 증상은 병상(病狀)과 병증(病症), 두 가지를 포함한다. 병상은 식물이 감염된 후 발생하는 병의 변화를 가리키고, 병증은 병원물이 식물에서 병변 부위를 발생시켜 형성되는 부분을 가리킨다.

이러한 증상을 기초로 병해에 대한 초보적 진단을 할 수 있다. 그러나 병해의 증상은 불변하는 것이 아니며 동일한 병원물이 다른 식물, 다른 환경 조건에서 서로 다른 증상을 발생시킬 수 있다. 그러므로 병해가 감정될 때 정확한 진단을 할 수 있다.

병해의 진단은 1차적으로 병의 증상을 육안으로 보고 관찰하여 진단하는 방법이 있는데, 이것은 많은 경험과 기술이 필요하다.

보다 정확한 진단을 위해서는 병원균을 분리, 추출, 배양 등의 방법으로 정확하게 분류하여 원인균을 찾아야 하는데, 병원균에 따라서는 진균이나 세균처럼 광학현미경으로 관찰이 가능한 것도 있으나, 바이러스처럼 전자현미경이 필요한 경우도 있다.

약용식물의 병원성(病原性) 

기주체가 지니고 있는 병을 일으키는 능력을 병원성이라 한다. 기생성 병해의 주요한 병원성은 진균, 세균, 바이러스, 선충과 기생성 종자 식물 등이 있다. 이 중 진균으로 야기되는 병해가 가장 많고 그 밖에 세균, 바이러스 및 선충, 기생성 종자 식물이 있다.

가. 곰팡이 병해(진균)

식물에 발생하는 균류(진균, 세균)는 스스로 영양분을 만들 수 없기 때문에 다른 식물체에 붙어서 영양분을 섭취하여 생활한다. 작물의 입장에서는 병을 일으켜 나쁜 것이지만 곰팡이로서는 생활을 영위하는 수단이다. 식물에 가장 많은 피해를 주는 병해이다. 진균(眞菌)은 인삼의 반점병, 구기자나 홍화의 탄저병 등이 있다. 병해의 증상은 고사, 반점, 부식, 기형, 농과 종양 등이 많다.

나. 세균 병해

세균 병해는 급성 괴사병이 많고, 부식, 반점, 고사 등의 증상을 보인다. 대개 눅눅한 상황에서 병 부위로부터 세균의 점액이 흘러나오는데 세균성 부패 냄새를 발산하며 인삼의 붉은 근부병, 패모의 연부병 등이 있다.

다. 바이러스(virus)

바이러스는 일반 현미경으로 볼 수 없는 극미소의 비세포 형태의 생물이다. 바이러스로 인한 병은 일반적으로 전신성이고 주요한 유형은 꽃잎에 나타난다. 황화 현상을 가져오는데 때로는 기형이 발생하기도 한다. 반하, 지황, 산약 등에서 볼 수 있다.

라. 선충(線蟲)

선충은 자웅이체의 다수는 동형이지만 다만 암컷이 조금 크고 뚱뚱하다. 알은 토양에 낳으며 식물의 조직 내표피에 기생한다. 부화된 알은 유충이 된 후 적당한 기주를 만나 침입하여 해를 준다. 유충은 몇 차례 껍질을 벗으며 발육하여 성충이 된다. 교배한 후 암컷은 알을 낳지만 수컷은 죽는다. 유충은 토양 속에서 겨울을 보내며 식물의 뿌리, 줄기, 종자 안에 기생하여 월동하기도 한다.

습기 있는 산성 토양에서 활동이 강하며, 이병식물(罹病植物)은 성장이 쇠약하고 왜소해지며 줄기나 잎의 말림, 색택 상실을 보이는데, 심지어 조기에 위축, 고사하게 된다. 뿌리에는 혹이 커지거나 사마귀 형상의 돌기가 나타난다. 서양삼, 패모, 국화에서 많이 나타난다. 토양 인자는 토양의 온도, 습도, 지질, pH 및 미생물의 활동 등으로, 병해의 토양 전염을 용이하게 한다. 즉 종자가 발아되어 토양 조건이 저온 고습하면 저항력이 떨어져 병균의 침입이 유리하며 뿌리의 성장은 불리하다.

재배 방법은 대량으로 질소질 비료를 주고 밀식하면 기주의 저항성이 떨어지고 병해를 입기 쉬우므로 주의한다.

곰팡이(진균)_ 홍화 탄저병

바이러스_ 산약 바이러스병

선충_ 인삼뿌리 혹선충

약용식물의 공통병 방제

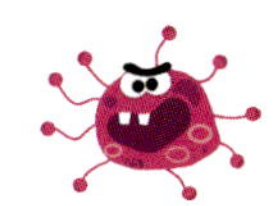

모든 병해충의 약제 방제는 참고 자료인 〈약초 재배에 사용할 수 있는 작물 보호제〉를 참고하여 방제한다.

가. 곰팡이병

1) 점무늬병, 탄저병, 검은무늬병, 갈색무늬병

① 병든 식물체는 일찍 없애거나, 태운다.

② 종자 전염을 하므로 종자 소독을 한다.

③ 질소의 지나친 사용을 삼가고 웃자라지 않도록 주의한다.

④ 당귀의 점무늬병에 아족시스트로빈 수화제가 고시되었고, 구기자 탄저병에 프로피네브 수화제 등 5품목이 등록 고시되어 있는 〈약초 재배에 사용할 수 있는 작물 보호제〉를 참고한다.

검은무늬병

2) 흰가루병

① 질소의 과용을 피하고 통풍이 잘 되도록 밀식하지 않아야 한다.

② 병든 잎은 제거하여 전염원을 없앤디

③ 구기자 흰가루병에 트리아디메론 수화제 등 4품목이 고시되었다.

흰가루병

3) 녹병 및 붉은별무늬병

① 병에 걸린 식물체는 신속히 제거
하고, 수확 후 병에 걸린 잔재물을
제거한다.

② 비료 성분이 떨어지지 않도록 주
의한다.

③ 비 온 직후 관리를 철저히 한다.

④ 작약 녹병에 디페노코나졸 수화제 등이 등록 고시된 〈약초
재배에 사용할 수 있는 작물 보호제〉를 참고한다.

녹병

4) 균핵병

① 상습 발생지는 윤작(輪作 : 돌려짓
기), 토양 소독을 한다.

② 병에 걸린 식물을 없애거나 태운다.

③ 통풍에 유의하고 과습을 피한다.

④ 채소, 과수, 약초류에 고시된 작물
보호제는 없으나 지오판 수화제,
디크론 수화제, 빈졸 수화제 등을
사용한다.

균핵병

5) 잿빛곰팡이병

① 과습이 되지 않도록 주의한다.

② 병든 식물체는 없애거나 태운다.

③ 비료를 과용하여 식물체가 연약하
거나, 웃자라지 않도록 한다.

④ 복분자에 폴리옥신비 수화제 등이
고시되어 있는 〈약초 재배에 사
용할 수 있는 작물 보호제〉를 참
고한다.

잿빛곰팡이병

6) 잎마름성병

① 병에 걸린 식물체는 신속하게 없애거나 태운다.

② 습도가 높으면 포자가 비산(飛散 : 흩날리기) 전염된다.

③ 상처 부위나 동해 피해지에 많이 감염되므로 상처나 동해가 발생하지 않게 한다.

④ 목본 약초류에는 병에 걸린 가지는 없애거나 태우고, 줄기와 가지는 이병 부위를 칼로 삭제한 다음 도포제를 바른다.

⑤ 토천궁 잎마름병에 이프로디온 수화제 등이 등록 고시되어 있다.

줄기마름성병

7) 자주날개무늬병(자문우병)

① 토양 전염을 하므로 토양 소독을 한다.

② 병에 걸린 식물체와 그 주위의 흙을 모아 땅속 깊이 묻는다.

③ 영년생 작물(다년간 생육이 계속되는 작물)의 경우, 뿌리와 뿌리가 닿지 않도록 식물체는 제거하고 잔재물은 도랑을 파서 격리시킨다.

④ 약초에 자주날개무늬병에 고시된 작물 보호제는 아직 없다.

자주날개무늬병

8) 이삭누룩병(일명 깜부기병)

① 종자 전염되므로 종자 소독을 절저히 한다.

이삭누룩병

② 병에 걸린 식물체는 발견 즉시 애거나 태운다.

③ 건전 종자에서 채종하여 사용한다.

④ 질소질 비료를 과용하지 않도록 한다.

⑤ 약초류 이삭누룩병에 고시된 작물 보호제는 없다.

9) 라이족토니아(Rhizoctonia)에 의한 줄기 · 뿌리썩음병

① 연작(連作 : 이어짓기)을 피하고 윤작(輪作 : 돌려짓기)을 해야 한다.

② 병에 걸린 식물체를 일찍 제거한다.

③ 석회나 퇴비를 많이 사용한다.

④ 토양 훈증 소독을 실시한다.

10) 후사리움(Fusarium)에 의한 줄기 · 뿌리썩음병

① 연작을 피하고 3~5년간 윤작한다.

② 병에 걸린 식물체를 신속히 없애거나 태운다.

③ 종자 및 종구 전염을 하므로 소독을 철저히 한다.

④ 질소질 비료의 과용을 피하고 퇴비를 많이 주어 토양 유용 미생물이 증가한다.

⑤ 외국에서는 베노밀 수화제를 많이 사용한다.

11) 피시움(Pythium)에 의한 잘록병

① 연작을 피하고 2~3년간 윤작한다.

② 물빠짐이 잘 되도록 하고 퇴비를 많이 사용하여 유용 미생물의 밀도를 높여 준다.

③ 상토는 소독하여 사용한다.

나. 세균병

1) 세균성 점무늬병 및 무름병

① 건전한 종자를 사용한다.

② 병에 걸린 식물체를 일찍 제거하고 과습되지 않도록 주의한다.

③ 식물체에 상처가 나지 않도록 한다. 세균은 상처 부위가 없으면 식물체로 뚫고 들어가지 못한다.

④ 질소질 비료의 지나친 사용을 피한다. 지황 점무늬병에 디페노코나졸 입상수화제 등이 고시되었다.

다. 바이러스병

1) 모자이크병

① 발병 주위의 잡초를 제거한다.

② 병에 걸린 식물체를 신속하게 없애거나 태운다.

③ 종자 전염을 하는 바이러스가 있으므로 건전 종자에서 채종하고 영양번식 작물은 무병지나 무병구를 사용한다.

④ 진딧물이 전염하는 바이러스가 많으므로 약제 살포를 철저히 하여 진딧물을 구제한다.

석회보르도액의 적용 병해와 사용 방법

작물명	병해	희석 배수	주의 사항
오미자	흰가루병, 갈반병, 뿌리썩음병	2-2식 4-4식	• 흰가루병 7월 하순 • 갈반병 6월 상순 • 유황합제복합체 • 100~200배액 살포
강활	뿌리썩음병	4-4식	종근 베노람 수화제 소독
인삼	탄저병, 점무늬병	1-0.5식 또는 2-1식 4-2식, 4-4식	어릴 때부터 조절, 점무늬병은 6월 중순 이후 사용한다.
작약	점무늬병, 탄저병, 녹병, 흰가루병	2-2식, 4-4식	어릴 때 약하게 한다.
사과	갈반병, 흑점병, 흑성병, 적성병	2-12식에서 3-9식 ~4-12식후	석회량은 2~3배로 한다.
배	흑반병, 적성병, 흑성병	5-10~5-15식 또는 4-8~4-12식	개화 전에는 6-12식이 좋다.
감	탄저병, 낙엽병	4-12식~2.5-13식	• 석회 5배량 • 6월 중순은 2.5-13식 • 7~8월은 4-20식~3-15식
포도	새눈무늬병, 노균병, 갈색무늬병	3-2식~6-3식	• 6월 중순은 6-3식 • 7~9월은 5-1.5식 • 노지 재배는 다우(多雨) 시 반대로 석회량을 2~3배로 한다.
박과류	탄저병, 노균병, 만고병	2-1식~3-1.5식	석회는 반량
토마토	역병, 그을음, 곰팡이	2-1식, 4-3식	석회에 의하여 과실의 성숙이 늦으므로 소석회(小石灰)가 좋다.
차	탄저병, 곰팡이병	2-2식, 4-4식	

가. 석회보르도액

보르도액의 원료로 사용되는 황산구리($CuSO_4$, $5H_2O$)는 98.5% 이상의 순도, 석회는 90% 이상의 순도를 지닌 것을 사용해야 좋은 보르도액을 만들 수 있다.

1) 보르도액의 사용법

보르도액은 지속성이 큰 살균제로 많은 범위의 병원균에 유효하다.

① 조제 즉시 사용해야 한다. 오래 두면 황산동의 입자가 커져서 약효가 저하된다. 부착력 증가를 위하여 전착제를 사용하기도 한다.

② 예방 목적으로 발병 전(병증 발생 2~7일 전)에 뿌리도록 한다.

③ 지속성은 살포액이 피막을 형성하는 약 2주 정도이다. 강우 직전 살포는 불가하다.

④ 보르도액은 알칼리성이다. 시중에 판매되는 일반약제와는 가수분해, 석회유황합제와는 복분해로 약해를 야기하므로 혼용은 부적합하다.

2) 독성

황산동은 사람과 동물에 유해하다. 따라서 황산동이 묻은 과일은 묽은 식초액으로 닦아서 먹도록 한다. 누에에게 뽕잎을 먹이는 시기에는 처리를 금해야 하는데, 이러한 경우 2주 이상 경과하지 않으면 누에에 유해하다.

나. 석회유황합제

유황(硫黃 : Sulphur)의 색깔은 황색, 담황색, 연한 녹황색, 노르스름한 회색, 갈색, 흑색 등이다. 조흔(條痕)은 백색 내지 옅은 황색이다. 결정면에는 금강석 광택이 있고 딘면에는 지방 모양의 광택이 있으며 반투명이다.

황을 이용한 석회유황합제는 1881년부터 프랑스에서 쓰기 시작하여 전파되었다. 처음 포도에 사용하여 살균뿐만 아니라 살충력 (응애, 깍지벌레)의 효과도 보고 있다. 그러나 정확히 알고 사용하지 않으면 약해를 일으키기 쉬운 결점도 있다.

1) 제조법 및 성상

공업적인 제법으로 생석회와 유황을 1:2의 중량비로 배합하여 가압솥에 넣고 소요량의 물을 가하여 2기압의 기압 하에 120~130℃에서 약 1시간 가열 반응시킨 다음 30분간 숙성 냉각시켜 여과기로 불용물을 여과해서 제품으로 만든다.

예 석회유황합제 180L를 만드는 데 생석회 35kg+유황 70kg이 소요

제품은 적갈색의 투명한 액체로 강한 알칼리성을 띤다. 비중은 1.29 내외(Be 32~33°)이다. 유효 성분은 다황화석회(CaSn) n=1~5이며, 이것이 약 72.5% 함유되어 있다.

흔히 석회유황합제의 질을 비중으로 표시하나, 이것은 가용성 성분의 함유량을 말하는 것이 아니다. 질은 다황화석회의 함유량이다.

다황화석회는 불안정한 화합물로 공기 중의 산소나 탄산가스에 의하여 활성화유황을 만든다. 이 활성화유황이 살균 작용을 하는 것이다. 그러므로 석회유황합제를 제조할 때는 물론 저장할 때도 가급적 공기의 접촉을 방지하여 다황화석회의 산화체인 티오황산석회, 황화석회의 생성을 방지해야 한다.

석회유황합제의 활성화유황은 유황 분말이나 수화성 유황보다 살균력이 강하다. 동시에 식물에 대한 약해도 크다.

대체로 본제의 살균력은 공기 중의 습도, 온도, 일광, 바람 등의 환경 요인에 크게 영향을 받는다. 특히 온도와 습도가 높으면 높을수록 분해가 빨리 되어 효력이 저하된다. 그러므로 오

랜 기간을 두고 발생되는 병해에 대해서는 그 효과를 크게 기대할 수 없다.

2) 성상

적갈색의 투명한 액체로 강한 알칼리성을 띠고, 비중이 1.29 내외(보메비중 32~33°)이다. 주성분인 다황화칼슘은 불안정한 화합물로서 공기 중에서 산소 및 이산화탄소와 작용하면 다음과 같이 쉽게 분해되어 활성황(活性黃)을 생성하여 살균 작용을 한다.

공기에 노출되면 분해(활성화황, S 및 티오황산칼슘, CaS_2O_3, 황산칼슘, $CaSO_4$ 생성)가 촉진되므로 저장할 때에는 뚜껑을 잘 막아 보관해야 한다. 위와 같은 반응은 식물의 잎이나 줄기에 살포하였을 때에도 일어난다.

〈석회유황합제〉

희석 농도 원액 농도	보메 0.5도		보메 5도		보메 10도	
	물 20L당	물 500L당	물 20L당	물 500L당	물 20L당	물 500L당
보메 29도	0.25L	6.25L(0.31통)	2.5L	62.5L(3.1통)	5L	125L(6.3통)
보메 30도	0.24L	6.0L(0.3통)	2.4L	60.0L(3통)	4.8	120L(6.0통)
보메 31도	0.23L	5.75L(0.29통)	2.3L	57.5L(2.9통)	4.6	115L(5.8통)
보메 32도	0.22L	5.5L(0.28통)	2.2L	55.0L(2.8통)	4.4	110L(5.5통)

3) 사용법

본제의 살균력은 석회보르도액에 뒤지나, 흰가루병, 녹병에는 우수하다. 기온이 낮을 때는 비교적 높은 농도로, 높을 때는 낮은 농도로 살포한다.

대체로 월동 과수 병해충에는 3~5°Be액(7~10배액), 그 외의 경우는 0.3~0.5°Be액(80~140배액)으로 살포한다.

4) 사용상의 주의

① 약제 조제용 용기는 금속 용기를 피한다. 사용 분무기는 사용 후 즉시 암모니아수나 식초산액으로 씻은 다음 물로 잘 씻는다.

② 일반적으로 기온이 높거나 일조가 강하면 약해가 일어나기 쉬우므로 농도를 낮게 해서 사용한다. 복숭아, 살구, 자두, 포도, 배, 콩, 감자, 토마토, 오이, 양파, 생강 등은 약해가 일어나기 쉬우므로 주의해야 한다.

③ 본제는 공기와 접하면 분해가 촉진되므로 저장 시에는 밀폐해야 하며 사용하다가 남은 것은 약제 표면에 소량의 기름을 띄워서 공기와의 접촉을 방지한다.

5) 적용 병해와 사용법

작물	병해명	살포 시기	살포 농도(Be)
배	검은별무늬병	3월	7배액(5°)
향나무	배, 사과 중간 숙주 붉은별무늬병	4월 하순~5월 상순	40배액(1°)
복숭아	잎오갈, 줄기마름	3월 상순	7배액(5°)
감	검은별무늬병	3월(발아 전) 4월 중순~5월 상순	7배액(5°) 100배액(0.4°)
사과	흰가루병, 검은별무늬병, 모리아병	4월(발아 전) 4~5월(개화 전후)	9배액(1°) 60~100배액 (0.7~0.4°)
귤	더뎅이병 검은점무늬병 검은점무늬병 궤양병 궤양병	4월(발아 전) 5월(개화 전) 6월(낙과 후) 7~8월 9월	40배액(1°) 80배액(0.5°) 100배액(0.4°) 200배액(0.2°) 140배액(0.3°)
채소	흰가루병	봄철, 여름철	100배액(0.4°) 200~300배액 (0.2~0.15°)
오미자	흰가루병, 갈반병	6~7월	100배액(0.4°)

저장

가. 주요 약재의 저장

약재를 채취하여 건조시켜 보관하면 병충해를 방지함은 물론 균(菌)류의 침습을 예방할 수 있으므로 대부분의 약재는 건조시켜 저장한다. 5℃ 이하의 저온 저장법도 역시 충해를 방지하고 색상의 변화를 더디게 하는데, 구기자(枸杞子), 인삼(人蔘), 육종용(肉腫蓉) 등은 저장을 잘 해야 오래 보관할 수 있다.

당귀(當歸), 길경(桔梗, 도라지), 사삼(沙蔘), 독활(獨活) 등의 뿌리류 약재와 종자류의 구기자(枸杞子), 도인(桃仁, 복숭아씨), 행인(杏仁, 살구씨) 등은 따로 저장하고, 방향성이 높은 익지인(益智仁), 사인(砂仁) 등은 성분의 상쇄 작용을 막기 위하여 각각 분리해서 저장한다.

독극성 약물도 일반 치료제와 구별하고, 독성의 파급을 피하기 위하여 각각 따로 저장한다.

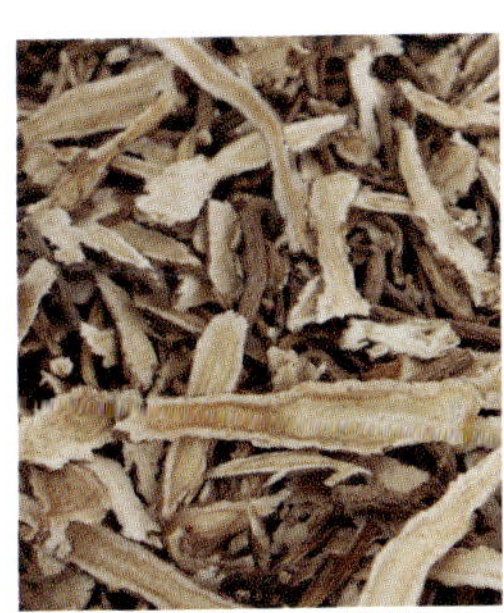

당귀

도라지길경)

구기자

나. 뿌리 종류의 약재의 저장

서늘한 장소에 저장한다. 우기(雨期)가 되기 전에 한 차례 끓인 후 그늘에서 말리고 용기에 담아 건조 상태를 유지시킨다.

다. 종자(열매), 과실류 약재의 저장

쥐나 벌레의 접근을 막는다. 우기에는 습도와 온도가 높아 곰팡이가 생겨 기름이 흘러나오기도 하므로 주의한다.

라. 껍질, 전초류 약재의 저장

건조 가공한 다음 묶어 놓거나 광주리에 담아서 통풍이 좋은 곳에 저장한다. 특히 계피 등에 대해서는 나무상자에 담아 놓고 나무상자 안에는 실리카겔 따위의 방습제를 넣어 밀폐시킨 후 저장한다.

마. 꽃[화류(花類)] 약재의 저장

꽃을 약재로 쓸 경우에는 색깔과 맛을 유지하는 것을 저장의 원칙으로 하며 포장해서 나무상자에 저장하는 것이 좋다. 예를 들면 금은화(인동덩굴)는 건조 후에 상자마다 25kg 정도씩 대포장하고 밀봉하여 외부 공기를 차단시킨다.

여름에는 냉장 창고에 두면 효과가 좋다. 또한 동일한 종류는 동일한 방법으로 저장해야 하는데, 건조 상태로 보존하고 곰팡이를 방지하며 곤충이나 쥐의 피해가 없도록 해야 한다.

최근에는 에어컨 시설이 보급되는 등으로 시설의 현대화가 이루어져서 건조, 저장 방법이 개선되고 있다.

초본 (草本)

- 감국
- 강황
- 갯기름나물(식방풍)
- 구릿대(백지)
- 구절초
- 당귀(참당귀, 왜당귀)
- 더덕(양유)
- 도꼬마리(창이자)
- 도라지(길경)
- 마(산약)
- 머위(봉두채)
- 맥문동
- 박하
- 삼지구엽초(음양곽)
- 삽주(백출)
- 쇠무릎(우슬)
- 시호
- 쑥(애엽)
- 약모밀(어성초)
- 엉겅퀴(대계)
- 율무(의이인)
- 잇꽃(홍화)
- 작약
- 지황
- 질경이(차전자)
- 천궁(일천궁, 토천궁)
- 천마
- 층층갈고리둥굴레(황정)
- 택사
- 하수오
- 황금
- 황기

감국

Dendranthema indicum (L.) Desmoul.

- ■ **식물명** : 감국
- ■ **학명** : *Dendranthema indicum* (L.) Desmoul.
- ■ **과명** : 국화과(Compositae)
- ■ **별명**(이명, 속명) : 섬감국, 황국(黃菊), 금정(金精), 절화(節花), 진국(眞菊)
- ■ **생약명** : 야국(野菊), 야황국(野黃菊), 야국화(野菊花)
- ■ **분포지** : 주로 산에 분포, 전국 재배 가능
- ■ **번식법** : 3~4월경 종자 파종, 봄에 분주 · 이식
- ■ **꽃 피는 시기** : 9~10월
- ■ **채취 시기** : 여름~가을
- ■ **용도** : 약용, 식용(어린순), 관상용
- ■ **약용** : 열감기, 몸살, 폐렴, 기관지염, 두통, 위염, 장염, 종기

국화과에 속하는 다년생 초본으로 산기슭의 양지에서 자라며 줄기는 약간 목질(木質)인데 땅속줄기가 길게 옆으로 뻗는다. 줄기의 높이는 약 30~60cm이며 여러 개가 뭉쳐난다. 잎은 달걀 모양의 진녹색이며 다섯 갈래로 깊게 갈라지고 끝이 뾰족하다. 갈라진 조각은 긴 타원형이며 가장자리에 거친 톱니가 있다.

9~10월에 황색의 꽃이 줄기와 가지 끝에서 피는데 지름이 2.5cm 정도이다. 잎의 밑부분은 심장형이며 잎자루가 있고 가지는 가

감국_ 잎과 줄기

감국_ 꽃봉오리

감국_ 꽃

감국_ 꽃 건조

을에 분지(分技)되어 꽃은 두상화(頭狀花)가 피는데 황색으로 가을의 풍치를 아름답게 하여 준다.

국화는 중국을 비롯한 아시아와 유럽이 원산지이다. 우리나라, 일본 등 동양 각지에 분포하며 우리나라 전역에 자생하고 가정에서 정원이나 화분용으로 재배하기도 한다. 감국은 향기가 은은하여 술로 빚기도 하고 차를 만들어 마시기도 한다. 옛날에는 창호지 문의 손잡이 옆에 잎을 넣어 발랐는데, 그렇게 하면 튼튼하기도 하고 비치는 모양이 한결 운치를 더해 준다.

꽃을 말려서 달여 먹으면 머리가 아프고 어지러울 때 효과가 있으며, 또한 고혈압과 중풍 환자에게 좋은 것으로 알려져 있다. 또 눈이 침침하여 잘 안 보일 때나 미열이 있을 때 효과가 좋으며 담즙 분비가 부족할 때 촉진제(促進劑)로 쓰인다.

🌿 재배법

전년의 숙근(여러해살이뿌리)에서 싹이 난 것에서 채묘 또는 포기나누기를 할 수 있다. 약간 습기가 있는 곳에 20cm 정도의 간격으로 심으면 된다. 줄기가 30cm가량 자라면 순치기를 하여 한 개의 싹에서 3~4개의 가지만 나오게 한다.

완숙된 퇴비 등을 밑거름으로 듬뿍 주고 토양 산도를 pH 6.0~6.8로 맞춘다. 꽃이 필 때까지 김매기를 하고 동시에 웃거름을 1~2회 주면 서리가 내리는 늦가을까지도 꽃이 만개한다.

갈아심기는 해마다 이른 봄에 해 준다. 이때 묵은 뿌리를 반 이상 다듬어 새로운 뿌리가 무성하도록 해 주는 것이 좋다. 또한 토양을 완전히 새로운 것으로 바꾸어주어야 하는데 묵은 흙이 섞여 있을 때에는 아랫잎이 말라 올라가는 원인이 된다.

증식은 이른 봄에 갈아 심을 때 뿌리줄기를 나누면 되는데 4~5월에 잎 한 장씩 붙여서 줄기를 알맞은 길이로 잘라 꺾꽂이를 하기도 한다.

- **번식 방법** : 절화용으로 재배 시는 삽목(꺾꽂이) 묘를 이용하는데 5~6월에 새로 난 끝 순을 잘라 삽목하여 번식 묘로 이용한다. 삽목 번식 묘는 당년에 개화주로 번식시킬 수 있는 이점이 있다. 삽목은 마사토나 모래에 삽목 후 음지를 만들고 마르지 않게 수분 관리를 잘 해 주면 한 달이면 완전히 뿌리가 내린다. 관상용으로 재배 시 키를 낮추기 위해서는 7월에 순지르기를 해 주어야 한다.

- **주요 관리법** : 재배의 핵심은 햇볕이 잘 들고 배수가 양호한 곳에서 키우는 것이다. 노지 상태에서는 매년 흙을 복토해 주거나 뿌리가 엉킨 것을 1~2년에 1회씩 솎아 주어야 한다. 노지에 배게 심었을 경우에는 개화가 끝난 직후 지상부를 잘라주고 흙으로 2~3cm 정도 복토하여 주거나 밀식이 된 곳은 솎음질하여 매년 충실한 꽃을 수확 또는 감상할 수 있게 관리한다.

🌿 병충해 예방법과 방제

간혹 진딧물이 생길 수 있으며 그 외의 병충해는 거의 없다. 진딧물은 친환경 천연 살충제를 이용하여 없애 주어야 한다. 진딧물 방제에는 질소를 억제하고 규산 100ppm을 살포해 주어도 효과가 있다

강황

Curcuma longa Linné

- **식물명** : 강황
- **학명** : *Curcuma longa* Linné
- **과명** : 생강과(Zingiberaceae)
- **별명**(이명, 속명) : 심황(深黃), 황강(黃薑), 보정향(寶鼎香)
- **생약명** : 강황(薑黃)
- **분포지** : 열대 지방이 원산, 우리나라 남부 지방에서 주로 재배
- **번식법** : 근경 번식
- **꽃 피는 시기** : 가을(9~10월)
- **채취 시기** : 첫서리 내린 후 잎이 시든 뒤
- **용도** : 약용, 식용
- **약용** : 해독, 이담, 이혈, 건위, 이뇨, 해열, 소화, 급성 간염

🌿 식물의 생김새와 특징

우리나라의 한약 공정서에 따르면 강황과 울금은 그 기원 식물이 생강과에 속하는 다년생 초본인 강황(*Curcuma longa* Linné)이다. 『대한약전외한약(생약)규격집』에 따르면 이 식물의 뿌리줄기를 '강황(薑黃)' 또는 '조강황'으로 기재하고 있으며, 동일 식물의 덩이뿌리를 수확하여 그대로 또는 주피를 제거하고 쪄서 말린 것을 '울금(鬱金)'이라고 수재하고 있다. 그러나 중국에서는 울금을 '*Curcuma aromatica*의 뿌리줄기'로 수재하고 있다.

강황_ 꽃

강황_ 지상부

강황_ 잎

강황_ 전초

강황_ 뿌리

　열대 지방이 원산지로 인도에서 재배되었으나 『향약채집월령』에 음력 3월에 채취하는 약으로 소개되어 있고, 조선조에 '심황(深黃)'이라 하여 비교적 기후가 따뜻한 남부 지방에서 재배했던 것으로 추정된다. 지상부는 파초와 비슷한 형태로 높이가 50~100cm 정도이고, 뿌리는 생강을 닮은 뿌리줄기(根莖)와 덩이뿌리(塊根)로 구분되어 있다.

　잎은 크고 길이 30~90cm, 폭 10~20cm로 잎 끝은 뾰족하고 기부는 삼각형이며, 윗면은 푸른색이다. 꽃은 수상화서로서 가을 (9~10월)에 황색의 꽃이 피며 잎자루가 길고 털이 없어 잎의 앞뒤가 매끈하다. 울금과 차이는 울금이 키가 크고(90~150cm) 잎 뒷면에 짧은 털이 있으며 꽃은 봄(5~6월)에 포엽 사이로 백색에 적색 꽃이 2개씩 피는 것이 강황과 다르다.

　뿌리는 생강과 비슷하나 근경은 괴상이고 가로로 절단한 단면은 황색을 띠며 방향(芳香)이 있고, 생강보다는 가늘고 양하(蘘荷)보다는 굵다.

66

강황_ 식재 모습

🌿 재배법

열대 지방이 원산지이므로 따뜻하고 습윤한 기후에서 잘 생육하고, 배수가 양호하며 유기질이 풍부한 사질 양토가 재배지로 적합하다. 적정 토양 산도는 pH 6~7로 산성 토양은 교정이 필요하다. 특히 일조량이 풍부하고 통풍이 잘 되는 지역에서 재배하는 것이 좋다. 또한 근경은 추위에 약하기 때문에 저장 중 10℃ 이하에서는 부패하므로 온도 관리에 주의하여야 한다. 우리나라에서는 주로 전남 해안 지역인 진도 지방이 주산지이며 담양과 경남(산청) 일부, 충남 일부에서 재배되고 있다.

● **품종** : 시험 연구 기관에서 육성하여 보급된 품종은 없고, 10여 년 전 일본에서 도입된 품종을 전남 진도 지방에 보급하여 현재 재배되고 있는 실정이다. 현재 문헌 기록에 의하면 강황(울금)류의 약재는 강황, 울금, 아출 등으로 분류하고 있으며, 이 중 강황은 강황(*Curcuma longa* Linné)의 뿌리줄기를, 울금은 강황(*Curcuma longa* Linné) 또는 울금(*Curcuma aromatica*)의 덩이뿌리를, 아출은 봉출(*Curcuma zedoaria* Roscoe)의 뿌리로 규정하

강황_ 밭에서 캐낸 뿌리

고 있다. 또한 봉출의 뿌리인 아출은 난형으로 환상의 띠가 있고, 모근은 위쪽에 줄기가 자란 흔적이 있으며 아래쪽은 뿌리의 자국이 있다고 기록하고 있다.

● **번식 방법** : 종경(種莖)을 심어서 번식시킨다. 종경으로 사용할 것은 길이 약 5cm, 무게 약 20g 정도로 싹눈이 2~3개 정도 붙은 근경을 사용한다. 남부 지방에서는 보통 4월 중·하순경에 밭에 정식하는데, 이랑을 60cm, 주간거리 35cm로 한 고랑에 한 줄씩 심는다. 심는 방법은 10~15cm 정도의 구덩이를 판 후 한 구덩이에 종경 한 개씩을 넣고 흙을 덮어 눌러준다. 종경은 10a당 4,700주를 기준으로 한다. 정식 전 투명 폴리에틸렌필름과 흑색 폴리에틸렌필름 또는 짚 등으로 멀칭을 하면 좋다.

● **주요 관리법** : 새싹이 5~6cm 정도 자라면 제초 작업을 해 주고 토양이 습윤하게 유지되도록 관리한다.

병충해 예방법과 방제

아직까지 특별히 문제가 되는 병충해는 없다.

갯기름나물 (식방풍)

Peucedanum japonicum Thunberg

- **식물명** : 갯기름나물
- **학명** : *Peucedanum japonicum* Thunberg
- **과명** : 산형과(Umbelliferae)
- **별명**(이명, 속명) : 목방풍(牧防風), 산방풍(山防風)
- **생약명** : 식방풍(植防風)
- **분포지** : 전국 각지
- **번식법** : 3~4월경 종자 파종, 육묘 이식
- **꽃 피는 시기** : 7~8월
- **채취 시기** : 심은 시 1~2년새 가을
- **용도** : 약용(어린잎은 식용)
- **약봉** : 지통, 중풍, 동풍, 산후풍, 사지 신경통, 요통, 해열, 진통, 이뇨, 항균

식물의 생김새와 특징

다년생 초본으로 높이가 60~100cm이고 줄기는 직경 1.5cm로 굵고 담녹색을 띤다. 또한 농자색(짙은 자주색)의 세로 줄무늬가 있고 가지가 많으며 전체에 털이 없다.

잎 표면은 농녹색(짙은 녹색), 뒷면은 녹색을 띠며 육질이 두껍고 광택이 있다. 6~7월에 가지와 줄기 끝의 꽃자루가 우산 모양으로 갈라져 산경을 이룬다. 이 산경 위에 다시 20~30개의 작은 꽃자루가

갯기름나물_ 꽃

갯기름나물_ 어린잎

갯기름나물_ 잎 올라오는 모습

갯기름나물_ 잎

갈라져 소산경(小散莖, 어린 가지들이 흩어져 있는 모습)을 이루며 복
산형으로 개화한다.

　복산형이란 화축 끝에서 거의 같은 길이의 소화경(꽃을 받치고
있는 작은 대)이 갈라져서 마치 뒤집힌 우산처럼 생긴 것을 말한다.
길고 둥근 꼴의 방풍 열매는 흑갈색으로 안에 종자가 1,000개가량
들어 있는데 무게는 4g 정도이다.

　방풍류에는 몇 가지 기원 식물을 잡고 있는데『대한약전외한약

갯기름나물_ 지상부

갯기름나물_ 전초

갯기름나물_ 종자

(생약)규격집』에는 식방풍(갯기름나물)을 수재하고 있으나 『중국약전』, 『일본약국방』, 『조선인민공화국약전』 등에서는 이를 수록하지 않고 있다. 또한 『대한약전』에는 방풍(防風, *Saposhnikovia divaricata* Schiskin)을 수재하고 있으나 식약처 생약정보시스템에는 방풍의 학명을 *Ledebouriella seseloides*(hoffim.) H. Wolff라고 수재하고 있으며, 『중국약전』과 『일본약국방』에서도 이 방풍을 수재하고 있다. 원방풍(元防風)이란 이름은 이 방풍을 말하며 이것은 우리나라에서만 사용하고 있는 식방풍과 구분하기 위한 용어로 사용되는 명칭이다. 이것은 중국 원산 병풍나물의 뿌리인데 바닷가에서 짠 바람을 맞으면서 자란 자생 방풍이다.

갯방풍(海防風, 해방풍)은 주로 우리나라 남쪽 해안가에 자생하는 *Glehnia littoralis*의 뿌리를 말하며, 일본에서는 빈방풍으로, 『중국약전』에서는 북사삼이라 한다. 일부 시중에서는 이 갯방풍을 원방풍으로 잘못 유통시키는 경우도 있다.

우리나라에서는 갯기름나물(식방풍)이 주로 재배, 생산되어 방풍으로 유통되고 있으며 중국 원산지 방풍과는 식물 기원이 다르므로 올바른 사용이 필요하다.

🌿 재배법

비교적 따뜻한 중남부 지역에서 잘 자라므로 중남부의 해안가가 재배 적지이다. 원방풍(병풍나물)은 서늘한 기후를 좋아하므로 고랭지나 중북부의 준고랭지가 재배 적지이다. 갯기름나물이나 갯방풍은 사질 양토나 미사질토로서 습기가 잘 유지되는 곳에서 잘 자라지만 원방풍(병풍나물)은 물빠짐이 좋으면서 습기 유지가 좋은 양토에서 잘 자란다. 씨로 번식하며 갯방풍은 직파 재배를 하고, 식방풍이나 병풍나물은 직파 재배와 육묘 이식 재배를 한다.

🔴 **품종** : 우리나라에서 육성 보급된 방풍류로는 경상북도농업기술원에서 육성한 '식방풍 1호'가 있다. 근피는 황갈색이고, 직립

원추형이며 탄저병에 강하고, 습기와 더위, 도복(넘어짐)에 강한
특성을 가지고 있는 품종이다.

- ● **직파 재배** : 1년생 수확을 목표로 할 때는 비옥한 토양에 거름을
많이 주고 직파한다. 피복을 하지 않을 때는 봄파종보다 가을파
종이 발아율도 높고 수확량도 많다. 가을파종 적기는 11월부터
12월 초까지이며 봄파종을 할 경우에는 해동 즉시 하는 것이 좋
다. 검정색 비닐을 피복하는 경우에는 3월 하순경에 파종하면
된다. 90cm 정도의 두둑을 만들고 15~20cm 간격으로 4~5립씩
점뿌림하거나 드물게 줄뿌림하면 된다. 발아하여 본잎이 2~3

갯기름나물_ 재배밭

갯기름나물_ 꽃 무리

매 정도 되면 15cm 정도의 간격으로 1본만 남기고 솎아 준다.

비닐 피복 재배 시에는 검정 비닐을 두둑에 씌우고 15~20cm 간격으로 구멍을 뚫은 후 종자를 4~5립씩 파종한다. 파종한 후 습기 유지를 위하여 젖은 톱밥 같은 것으로 구멍을 덮어 준다. 직파와 마찬가지로 본잎이 2~3매 정도 되면 1본만 남기고 솎아 준다. 직파할 때 종자 소요량은 10a당 3~5L 정도이다.

● **주요 관리법** : 직파 재배 시에는 초기 생육이 늦어 잡초와의 경합에서 위축되기 쉬우므로 3~4회에 걸쳐 제초 작업을 해 주어야 한다.

● **수확 및 가공** : 뿌리의 경우 수확은 11월부터 12월까지 잎줄기를 모두 제거한 다음 뿌리의 흙을 털고 밭고랑에 6~7일 건조시킨 후 물에 깨끗이 세척 후 말린다.

건조기에 건조시킬 경우에는 물로 세척 후 뿌리를 곧게 펴 60℃ 이하로 건조시킨다. 식방풍(갯기름나물)은 보통 1년생으로 봄 3~4월에 종자 파종을 하여 그해 가을에 반드시 수확을 해야 한다. 2년이 되면 꽃이 피게 되고 꽃이 피면 뿌리를 약재로 사용할 수 없다.

● **수확량** : 생근으로 800kg/10a/1년

🌿 병충해 예방법과 방제

현재까지 방풍 재배 농가에서 크게 문제가 되는 병해충은 발견되지 않고 있으므로 방제에 대한 염려는 크게 하지 않아도 된다. 그러나 질소질 비료의 과용으로 지상부 생육이 지나치게 번성하면 장마 후 흰가루병이 발생될 수 있으므로 시비 관리에 주의한다.

구릿대 (백지)

Angelica dahurica (Fisch. ex Hoffm.) Benth. & Hook. f. ex Franch. & Sav.

- ■ **식물명** : 구릿대
- ■ **학명** : *Angelica dahurica* (Fisch. ex Hoffm.) Benth. & Hook. f. ex Franch. & Sav.
- ■ **과명** : 산형과(Umbelliferae)
- ■ **별명**(이명. 속명) : 방향(芳香), 향백지(香白芷), 항백지(杭白芷), 백채(白菜), 두약(杜若)
- ■ **생약명** : 백지(白芷)
- ■ **분포지** : 전국 각지의 산지와 풀밭 습지
- ■ **번식법** : 3월 중순이나 11월 숙순성 종사 파종
- ■ **꽃 피는 시기** : 6~8월
- ■ **채취 시기** : 가을(11~12월)
- ■ **용도** : 약용, 식용
- ■ **약용** : 항균, 감기로 인한 두통, 위장 장애, 치통, 안면 신경통, 부인병

2년생 초본으로 높이는 1m 전후이다. 전체에 털이 없고 뿌리줄기는 비후하여 수염뿌리가 많다. 잎은 깃꼴겹잎(우상복엽, 羽狀複葉)으로 많이 갈라져 있고 갈라진 잎은 타원형 또는 피침형으로 끝이 날카롭고 거치가 있다.

　꽃은 복산형화서이고 꽃부리는 소형이며 꽃잎은 5개이고 5개의 수술과 1개의 하위 자방이 있다. 과실은 타원형으로 날개가 있으며 꽃은 백색이고 6~8월에 피며 뿌리를 약용으로 쓰는데, 생약명은 백지(白芷)라고 한다.

구릿대_ 꽃

구릿대_ 지상부

구릿대_ 잎

76

구절초 *Dendranthema zawadskii* var. *latilobum* (Maxim.) Kitam.

- **식물명** : 구절초(九折草)
- **학명** : *Dendranthema zawadskii* var. *latilobum* (Maxim.) Kitam.
- **과명** : 국화과(Compositae)
- **별명(이명. 속명)** : 구일초(九日草), 들국화
- **생약명** : 구절초(九折草)
- **분포지** : 전국의 산과 들
- **번식법** : 종자 및 영양 번식
- **꽃 피는 시기** : 9~10월
- **채취 시기** : 가을
- **용도** : 약용, 식용, 관상용
- **약용** : 부인병, 월경 불순, 자궁 냉증, 불임증, 건위, 신경통, 식욕 촉진, 중풍

산기슭 풀밭에서 흔히 나는 다년생 식물로서 땅속줄기가 옆으로 길게 뻗으면서 번식하며 높이는 50㎝ 내외로 자란다. 잎은 달걀 모양으로 밑부분이 편평하거나 심장 모양이다. 9~10월에 연분홍색 또는 흰색으로 꽃이 피며 열매는 긴 타원형의 수과이다. 수과란 과피(果皮)가 말라서 목질(木質)이나 혁질(革質)이 되고 속에 종자를 가지는 폐과(閉果)를 말하며, 익어도 터지지 않는다.

음력 9월 9일에 꺾어 모은다고 하여 구절초라고 하는데 부인과 질환이 있는 여성의 경우는 병원 치료도 중요하지만 가정에서 재배하여 계속 복용하면 좋은 효과를 볼 수 있다.

재배가 아니고 집 안에서 소규모로 키울 경우, 몇 개의 화분에 파종하여 거실이나 창가, 바람과 햇볕이 잘 드는 곳에 두고 재배하면 별다른 신경을 쓰지 않아도 무성하게 잘 자라므로 쉽게 약용할 수 있다.

물빠짐이 좋은 마사토에 부엽을 1:1 정도로 섞어서 사용하거나 밭 흙에 부엽을 혼합한 용토를 사용하면 된다. 일반적으로 양지를 좋아하

구절초_ 꽃

구절초_ 재배밭

며 특히 오전 중에 직사광선이 2~4시간 정도 비추는 곳에서 재배하는 것이 이상적이다.

잎이 크거나 잎에 무늬가 있는 것은 광선이 약한 곳에서 재배하는 것이 좋다. 지나치게 햇볕이 부족하고, 통풍이 되지 않거나 배수가 잘 안 되고, 온도와 습도가 높으면 식물체가 허약해지는 원인이 된다.

물주기는 건조에 강하고 튼튼하기 때문에 노지 재배에서는 줄 필요가 없지만 화분에 심었을 경우에는 너무 건조하지 않도록 충분히 물을 주어 관리한다.

● **번식 방법** : 종자 번식이나 포기나누기, 삽목으로 번식이 가능하다. 파종할 경우, 종자는 10월 말이나 11월 초에 성숙하는데 꼬투리째 잘 싸서 보관하였다가 이듬해 봄 3~4월경에 파종한다. 포기나누기를 할 경우, 뿌리를 적정하게 분배하고 전정가위로 잘라 준다.

● **주요 관리법** : 9월 이후 꽃이 피고 진 다음에는 따로 비료를 줄 필요는 없다. 줄기와 잎이 시들기 시작하는 초겨울이 되면 월동할 싹 이외의 지상부는 잘라 주고 월동시킨다.

구절초_ 어린잎

구절초_ 잎

햇빛과 통풍이 좋은 곳에서 기르면 병충해는 별로 발생하지 않는다. 줄기 위쪽 어린 잎에만 진딧물이 생길 경우에는 이쑤시개에 물을 묻혀 제거하면 되지만 전체에 퍼져 있으면 진딧물 전용 약제를 살포하기도 한다. 그러나 등록 고시된 약제는 없다. 또 잎에 흑갈색의 반점이 생기는 경우에는 보이는 즉시 따서 소각한다. 대체로 병해충에 크게 신경을 쓰지 않아도 좋다.

당귀 (참당귀, 왜당귀)

- **식물명** : 참당귀, 왜당귀
- **학명** : 참당귀(*Angelica gigas* Nakai), 왜당귀[*Angelica acutiloba* (Siebold & Zucc.) Kitag.], 중국당귀[*A. sinessis* (Oliv.) Diels]
- **과명** : 산형과(Umbelliferae)
- **별명**(이명. 속명) : 부귀(富歸), 건귀(乾歸), 왜당귀(倭當歸), 화당귀(和當歸), 동당귀(東當歸)
- **생약명** : 당귀(富歸)
- **분포지** : 경남, 경북, 강원 이북의 깊은 산골짜기
- **번식법** : 봄과 가을 파종
- **꽃 피는 시기** : 8~9월
- **채취 시기** : 늦가을
- **용도** : 약용
- **약용** : 치통, 월경 조절, 월경통, 빈혈, 보혈, 진정, 진통, 두통, 신체 허약

🌿 식물의 생김새와 특징

당귀는 동양 3국에서 각국의 공정서에 수재된 '당귀'라는 한약재를 각각 기원이 다른 종의 식물을 사용하고 있다. 중국에서는 전통적으로 당귀[*A. sinessis* (Oliv.) Diels]를 기원 식물로 사용하고 있으나 우리나라에서는 참당귀(*Angelica gigas* Nakai)를 많이 사용하여 왔는데, 이는 값비싼 중국당귀 대신 가난하고 굶주린 환자들을 사랑하는 마음에 중국당귀와 비슷한 효과를 낼 수 있는 자생 약초를 찾아낸 결과로 보인다. 참당귀에서는 왜당귀나 중국당귀에는 없는 데쿠르신(decursin)이라는 항산화 및 항노화 성분이 확인되

참당귀_ 지상부

참당귀_ 꽃

참당귀_ 잎

어 주목을 받고 있다. 일본에서는 주로 왜당귀[*Angelica acutiloba* (Siebold & Zucc.) Kitag.]를 기원 식물로 하고 있다.

참당귀는 산형과에 속하는 2~3년생 방향성 초본 식물로 줄기는 짙은 녹색을 띠고 1~1.5m 정도 곧게 자란다. 잎은 삼출(三出) 우상복엽이고, 소엽은 3개로 갈라지며 다시 2~3개로 갈라진다. 근생엽은 정상엽보다 크고 정상엽은 무병초로 줄기를 감싸고 있다. 꽃은 복산형 취산화서의 양성화로 수술 5개와 암술 1개를 가지고 있으며, 8~9월에 자색의 꽃이 핀다. 열매는 쌍현과로서 9~10월에 익고 종자 1,000개의 무게는 1.4g 정도이다.

왜당귀_ 지상부

왜당귀_ 꽃

왜당귀_ 잎

왜당귀는 다년생 초본으로 줄기는 적자색이고, 독특한 향기가 있으며, 잎은 호생하고 2~3회 3출 복엽이다. 또 꽃은 복산형 화서의 양성화로서 수술 5개와 암술 1개를 가지고 6~7월에 담황색으로 핀다. 열매는 쌍현과로서 8~9월에 익고 종자 1,000개의 무게는 1.8g 정도이다.

중국당귀는 기존의 한의서들에 수재된 당귀를 뜻하는데 우리나라에서는 최근 종자를 수입하여 시험 재배를 하고 있으나 기후가 적합치 않는 것으로 구명되었다.

당귀 뿌리는 비대한 주근으로부터 잔뿌리를 가지고 있고 질(質)은 유연하고 역시 특유한 방향을 가지고 있으며 약용으로 쓰고 있다.

당귀의 주산지는 일본, 중국 등지이며 우리나라에서는 전국적으로 조금씩 재배하고 있으나 전통적으로 황해도의 곡산, 강원도의 평창, 경북의 순흥산(産)이 유명하였다. 오늘날은 주로 강원도와 경북, 전남 지역에서 참당귀와 왜당귀를 재배하고 있으며 그 밖에도 전국적으로 소량씩 재배되고 있다.

약용식물이지만 꽃과 줄기가 아름다워 관상용으로도 좋으며 특히 뿌리에서 강한 냄새가 나서 집안에서 허브식물로 재배가 가능하고, 농가주택에서는 울타리 가에 심어 놓으면 뱀의 침입을 막는 효과도 있다.

참당귀는 우리나라와 중국의 동북부 지역에 자생 분포한다. 우리나라에서는 고랭지인 경북 북부 지역과 강원도 일대에서 재배하고 있다. 왜당귀는 일본 북부 지역에 야생하며 일본에서 재배하고 있는 것을 일제 강점기 때 일본에서 들여와 재배하기 시작하였고, 현재는 일본에 수출할 목적으로 재배되고 있다.

재배법

씨를 뿌려서 번식해야 하므로 종자 채취를 위해서는 크고 튼튼한

왜당귀_ 식재 모습

포기를 골라서 밭 한쪽 구석에 3년 정도 묵히면서 인산과 칼륨 성분의 거름을 듬뿍 주어 계속 가꾼다. 씨를 흩어서 뿌리기도 하나 줄을 지어 뿌릴 때는 120~150cm의 두둑에 15cm 간격으로 고랑을 짓고 뿌린다. 씨를 뿌린 후는 고운 흙을 아주 얇게 덮어 주고 짚이나 왕겨 같은 것으로 덮어서 땅이 마르지 않게 한다.

● **재배 환경** : 왜당귀는 참당귀의 재배 지역은 물론 중남부의 준고랭지에서 재배되고 남부 지역(전남 순천)에서도 재배가 가능하다. 참당귀는 중북부 지방 해발 400m 이상의 산간 고랭지가 재배에 유리하다. 토양은 토심이 깊고 물빠짐이 좋으면서 수분 유지가 잘 되는 약산성의 토양이 좋다. 양토나 사양토가 좋은데 모래땅이나 자갈밭은 잔뿌리 발생이 많고 점질토에서는 뿌리 비대가 잘 안 된다.

● **품종** : 왜당귀는 농촌진흥청 작물 시험장에서 선발 육성한 '대덕

종’이 품질도 우수하고 수량도 높은 품종으로 보급되었다. 참당 귀의 육성 품종으로는 농촌진흥청 작물 시험장에서 참당귀 우 량품종 선발 시험을 통하여 선발 육성한 ‘만추당귀’가 고랭지(주 로 해발 400m 이상) 적응 품종으로 보급되며, 추대율을 획기적으 로 낮춘 것이 특징이다. 중국당귀는 최근 중국에서 종자를 수입 하였으나, 국내에서는 기후가 적합하지 않아 재배가 불가능한 것으로 판명되었다.

● **채종** : 추대(꽃대가 올라와 꽃이 피는 현상)가 이루어지면 수량과 품 질에 크게 영향을 미치기 때문에 특히 채종에 주의를 기울여야 한다. 농가 재배 포장에서 당귀를 재배할 때 추대된 것은 채종 을 하고 추대되지 않은 것은 수확하여 약재로 판매를 하는 경향 이 있으나 이는 추대가 잘 되는 품종을 계속 후대에 유전시키는 효과를 가져온다. 따라서 채종포를 별도로 운영하거나, 채종을 위하여 추대가 덜 된 2년생 재배 포장을 선정하여 병해충 피해 가 없고 추대가 없는 건실한 포기를 그대로 두었다가 추대가 되 면 3년차 또는 4년차에 채종하여 종자로 사용하는 방법을 쓴다 면 추대를 줄일 수 있다. 특히 당귀는 타화수정 작물이므로 품종 의 고유 특성을 유지하기 위하여 반드시 격리 채종을 해야 한다.

● **재배 방법** : 직파 재배와 육묘 이식법이 있으나 직파하여 당년에 수확하면 육질은 우수하나 수량성이 낮고 약효 성분 함량이 낮 아 한약재는 2년생으로 수확하여야 한다. 직파하면 2년차에 모 두 꽃대가 올라와 뿌리가 목질화하여 약재로 쓸 수 없게 되므로 2년생은 육묘 이식 재배로 생산하고 있다. 그리고 육묘 이식 재 배법이 노력과 토지 이용에 유리하다.

○ 파종 시기 : 1년생 뿌리를 채집할 경우는 땅이 얼기 전 늦가 을이나 땅이 풀린 후 이른 봄에 파종하는데 가을파종이 발 아가 잘 된다. 가을파종은 10월 하순~11월 상순, 봄파종은 3

월 하순~4월 상순이나 중순이 적기이다. 봄파종 시에는 가을에 종자를 채종한 직후 노천 매장해야 종피의 발아 억제 물질을 제거할 수 있어 발아가 잘 된다. 2년생 뿌리를 채집할 경우는 육묘 이식 재배를 하는데 육묘용 묘상에 6월 하순에 파종하여 가을이나 봄에 뿌리 굵기가 5~7mm 정도의 묘를 정식한다.

○ 육묘상 만들기와 파종 : 비옥하지도 척박하지도 않은 사양토나 양토에 폭 1.2~1.5m의 두둑을 육묘상으로 만들고 가을에 흩어뿌림을 하거나 5~10cm 간격으로 줄뿌림을 하여 이듬해 봄에 이식한다. 이식용 묘는 적을수록 추대율을 낮출 수 있는데 이식용 중묘나 소묘 생산을 위하여 파종 양은 1m²당 50g 정도로서, 10a 면적에 재배할 묘를 생산하기 위하여 750~950g 정도의 종자가 필요하며, 흩어뿌림을 하면 15~19m²(약 4.5~5.7평), 줄뿌림을 할 경우에는 20m²(약 6평)의 면적이 필요하다.

○ 아주심기 : 3월 하순~4월 하순까지 하는데 일찍 심는 것은 뿌리내림이 좋은 반면, 늦게 심은 것이 꽃대 발생은 적다. 정식은 바람이 없는 구름 긴 날이 좋다. 젖은 톱밥으로 덮어가지고 다니면서 심으면 묘의 건조가 적어 활착률이 높아진다.

● **주요 관리법** : 거름을 줄 때는 추대에 세심한 주의를 해야 한다. 생육 초기에 질소질 비료를 너무 많이 주면 줄기와 잎이 무성하고 뿌리의 비대도 나쁘며 꽃대가 많이 올라오는 경향이 있으므로 생육 후기에 웃거름 위주로 주는 것이 유리하다. 특히 8~9월 사이에 비료 효과기 나도록 하는 것이 뿌리 생육에 도움을 주어 수량이 많아진다.

　3월 하순에 직파하여 10~11월에 수확하는 왜당귀의 시비량은 10a당 질소 10kg, 인산 12kg, 칼리 9kg, 퇴비 1,500kg 정도이다. 질소와 칼리는 기비 50%, 추비 50%를 주는데 추비는 생육상태에 따라 1~2회 뿌려준다.

● **수확 및 가공** : 아주심기를 한 그해 늦가을(10~11월)에 잎이 누렇게 변하였을 때 뿌리가 상하지 않도록 캐낸 후 흙을 털고 줄기와 근두부를 절단하여 1차 선별을 한다. 이때 약초 수확기를 이용하면 능률적이다. 껍질이 황갈색이고 속은 백색이며 부드럽고 향기가 강하게 나면서 직경이 3cm 이상이고 길이가 20cm 이상인 것이 규격품이다. 당귀는 수확 후 건조 및 관리방법에 따라 외관 품질에 차이가 많다. 특히 당귀의 육질이 변질되면 약재 판매 시 제값을 받지 못한다. 전통적으로 당귀를 세척하면 갈변하기 때문에 세척을 하지 않고 절단 건조하는 방법을 써 왔으나 최근의 한약재 표준 공정 지침에 따라 수확한 당귀는 1차 선별을 거쳐 작업장으로 이송한 후 원통형 살수 세척기를 이용하여 흙을 세척하고 1차 건조(양건 또는 다목적 온풍 건조기를 이용하여 약 40℃에서 건조감량 50% 정도)를 한 후 분류→절단→2차 건조(온풍 건조기 40℃)→2차 선별→포장→검사의 과

왜당귀_ 전초

참당귀_ 전초

정을 거친다. 특히 세척 시 수돗물을 사용할 경우에는 반드시 마지막에 이온수로 헹구어 주고, 절단 시 절단기의 칼날은 스테인레스 칼날을 사용하여 중금속이 검출되지 않도록 주의한다.

● **수확량** : 생근으로 800~1,200kg/10a/1년, 건근으로 200~280kg/10a/1년

🌱 병충해 예방법과 방제

● **병해** : 왜당귀에서는 주로 균핵병이 발생하는데 비가 많이 올 때 물빠짐이 잘 안 되면 발생하므로 배수로 정비를 잘 해 주되 병에 걸린 포기는 뽑아서 불에 태우고 구덩이를 벤졸이나 스미렉스로 소독해 준다. 점무늬병은 잎에 발생되며 온도가 높고 습기가 많은 여름철의 장마기에 심하게 발생한다. 병의 징후는 처음에는 갈색의 점무늬로 나타나고 진전되면 갈색 내지 암갈색의 부정형 병반으로 확대, 병반 내부가 찢어지거나 구멍이 생기기도 한다. 병이 심하게 진전되면 잎이 퇴색하고 말라죽는다. 연작을 피하고 병든 잎이나 뿌리를 제거해 주며, 아족시스트로빈 수화제 등의 등록 고시된 약제를 발병 초기에 살포한다. 이 밖에도 비가 많이 오거나 과습한 시기가 오래 계속되면 발생하는 갈색점무늬병, 5~8월에 발생하는 줄기썩음병에 주의한다.

● **충해** : 주요 충해로는 가물 때 많이 발생하는 점박이응애, 뿌리에 혹을 만들고 즙액을 빨아먹음으로써 품질을 저하시키고 수량을 감소시키는 뿌리혹선충 등이 있다. 점박이응애를 방제하려면 아조사이클로틴 수화제 등의 등록 고시된 약제를 사용하되 약제에 대한 저항성이 생기지 않도록 다른 종류의 약을 번갈아 사용하도록 하며 선충 방제를 하려면 화본과 작물과 윤작을 하도록 한다.

더덕_(양유)

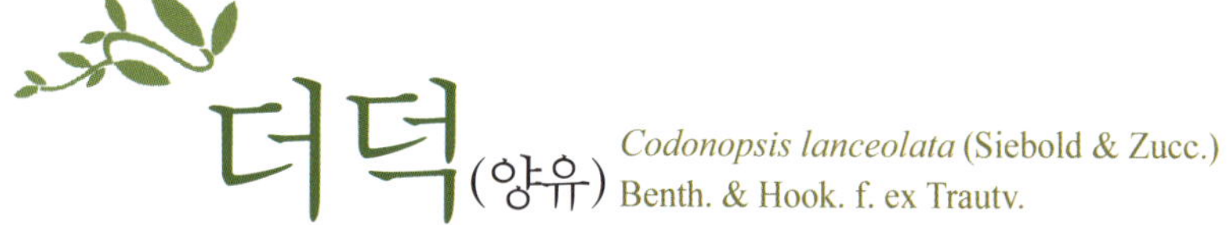

Codonopsis lanceolata (Siebold & Zucc.) Benth. & Hook. f. ex Trautv.

- **식물명** : 더덕
- **학명** : *Codonopsis lanceolata* (Siebold & Zucc.) Benth. & Hook. f. ex Trautv.
- **과명** : 초롱꽃과(Campanulaceae)
- **별명(이명, 속명)** : 노삼(奴蔘), 산해라(山海螺), 통유초(通乳草), 사엽삼(四葉蔘), 백하거(白河車)
- **생약명** : 양유(羊乳)
- **분포지** : 전국 각지
- **번식법** : 남부 평야 지대는 3월 하순~4월 상순, 고랭지에서는 4월 중순 파종
- **꽃 피는 시기** : 8~9월
- **채취 시기** : 가을
- **용도** : 약용, 식용
- **약용** : 거담, 배농(排膿), 강장, 최유(催乳), 해독, 소종(消腫), 생진(生津)

식물의 생김새와 특징

초롱꽃과에 속하는 덩굴성 식물로 살찐 덩이뿌리를 갖고 있는데
이를 식용 및 약용으로 쓴다. 덩굴로 되어 있는 줄기는 담홍색이
며 1~2m가량 자란다. 더덕은 식물 전체에서 향이 나는 방향성 식
물이다. 더덕 잎이나 줄기를 자르면 흰색 즙이 나오고 8~9월경에
종 모양의 자주색 꽃이 핀다.

　뿌리 모양은 길이 10~20cm, 직경 1~3cm 정도로 뿌리 전체에
혹이 많아 두꺼비 등처럼 생겼다. 이 혹 모양이 더덕더덕 붙어 있
어서 '더덕'이라 부른다. 향이 강하며, 더위가 기승을 부릴 때면 더
욱 짙은 냄새를 풍긴다. 아무리 냄새에 둔감한 사람이라도 한여름

더덕_ 꽃

더덕_ 지상부

더덕_ 잎

에 숲을 걷다가 더덕 특유의 향을 맡고는 더덕이 있는 곳을 찾아낼 수 있을 정도이다. 더덕은 양지쪽보다 약간 그늘진 곳에서 자란 것이 향이 더 짙다.

식품으로 가치가 매우 높은데 인, 비타민 B_1, 비타민 B_2, 리보플라빈(riboflavin), 단백질, 지질, 당류, 철 등 성분을 많이 함유하고 있다.

뿌리에 사포닌(saponin), 이눌린(inulin)이 다량 함유되어 있고, 잎에는 플라보노이드(flavonoid)가 있어 최근 동물 실험 결과 핏속의 콜레스테롤과 지질의 함량을 낮추며 혈관 확장 및 혈압 강하(降下) 효과가 있는 것으로 밝혀졌다. 우리 조상들은 이렇게 좋은 더덕을 식탁에 올려 세계에서 더덕을 가장 많이 먹는 전통적인 식생활 문화를 형성하였다.

예로부터 민간에서는 더덕을 사삼(沙蔘)이라고 하여 인삼(人蔘), 현삼(玄蔘), 만삼(蔓蔘), 고삼(苦蔘)과 함께 5삼 중 하나로 귀하게 여겨서 많이 사용하였다. 현재 한방에서는 더덕을 양유(羊乳), 잔대를 사삼(沙蔘)이라는 생약명으로 쓰고 있다.

🌱 재배법

뿌리가 곧고 길게 뻗을 수 있어야 하기 때문에 토심이 30~50cm 정도로 깊은 토양이 좋다. 토양 습도 유지가 잘 되면서도 물빠짐이 좋은 pH 5.5~6.0 정도의 약산성이 더덕 생육에 적합하다. 그렇지 못한 토양일 경우에는 유기물을 더 주거나 배수가 잘 되도록 한 다음 재배해야 한다.

또한 그늘진 곳에서도 자라나긴 하지만, 햇볕을 좋아하는 식물이기 때문에 음지보다는 양지에서 좋은 품질의 더덕이 생산된다. 발아 적온은 15~20℃로 다른 채소 종자보다 낮으며 비교적 서늘한 곳을 좋아하기 때문에 해발 250m 이상 되는 곳에서 재배하면, 더덕 고유의 향이 더욱 진하다.

더덕_ 직파 재배

더덕_ 지주 재배

  더덕의 표준시비량은 10a당 질소 6kg, 인산 6kg, 칼리 6kg, 퇴구비 1,500kg, 석회 200kg이며 질소는 70%는 밑거름으로 30%는 웃거름으로 준다.

- **품종** : 품종 육성 기관에서 육성된 품종은 없고 모두 야생종을 채종하여 순화 재배한 것이다. 크게 2가지로 분류할 수 있는데, 뿌리의 표면이 연한 흑갈색을 띠고 잔뿌리가 많고 가늘며 긴 계통과 뿌리 표면이 붉은색을 띠고 잔뿌리가 적으며 굵고 생장력이 왕성한 계통이 있다. 후자의 계통을 택하여 재배하는 것이 유리하다.

- **번식 방법** : 주로 종자 번식을 하는데 육묘 이식을 하면 잔뿌리가 많이 발생하여 상품성이 떨어지므로 보통 직파한다. 종자의 발아 적온은 15~25℃로 비교적 낮은 온도에서 잘 발아하고 발아에는 20일 정도가 소요된다. 종자가 발아하는 데는 반드시 암(暗) 조건이 필요하므로 파종 후 반드시 흙 덮기를 해주어야 한다.

- **파종** : 보통 90~120cm 정도의 두둑을 만들고, 종자를 흩어 뿌린 후 더덕 전용 유공(有孔) 비닐을 씌운다. 발아가 된 후 한 구멍에

더덕_ 멀칭 재배   더덕_ 지주 재배

1~2개씩만 남기고 솎아주며 지주 재배의 경우 자연스럽게 지주로 유인하여 올라갈 수 있도록 해 준다. 또는 약 10cm 간격으로 골을 만들어 줄뿌림을 하는 방법도 있는데, 이 경우 관리가 매우 편리하다. 종자를 뿌릴 때는 종자가 작고 가벼우므로 잔모래와 1:4 정도로 섞어서 파종하면 고르게 뿌릴 수 있다. 파종 후에는 잘 썩은 퇴비와 모래참흙을 1:2(용량비)로 고루 섞어 채로 친 상토로 종자가 보이지 않게 0.5cm 두께로 복토를 해 주고 짚이나 건초를 덮어 수분유지를 해 준다(발아가 시작되면 피복물을 걷어 주어야 한다). 파종 양은 10a당 3~6L 정도의 종자가 필요하며 다소 밀식(密植)을 해야 잔뿌리가 생기지 않고 상품성이 좋아진다. 파종기는 지역에 따라서 차이가 있으나 중남부 평야지대에서는 3월 하순~4월 상순이고 고랭지에서는 4월 중순에 파종하는 것이 안전하다. 파종 전에 퇴비를 충분히 넣고 반드시 깊이갈이를 3회 이상 해 주면 좋다.

● **채종** : 종자의 채종은 1년생 더덕에서 채종한 것은 종자 충실도가 떨어져 발아가 불량할 수 있으므로 반드시 2년생 이상의 건

실하게 자란 모주를 대상으로 종자 채취를 한다. 채종용 모주를 별도로 지정하여 병해충의 피해를 입지 않고 건실하게 생육할 수 있도록 관리하는 것도 좋은 방법이다.

- **제초** : 가장 일손이 많이 들어가는 것이 제초 작업이다. 육묘 이식 재배의 경우 나프로파미드 수화제를 이식 복토 후 토양 살포하도록 등록 고시되어 있다. 그러나 실생 번식에는 등록 고시된 약제가 없다.

- **관리법** : 본잎 3~4매가 되면 2~2.5m 정도의 지주를 세워 덩굴 올리기를 하여 통풍과 채광이 좋도록 해 주어야 한다. 그래야 아래 잎까지 건전하게 살아 엽면적이 많아져 동화량이 증가하고, 병해충 발생도 적어 수량이 많아진다. 덩굴 유인 시에는 보통 오이망을 사용한다.

- **수확량** : 생으로 1,800kg/10a/2년생, 건조 450kg/10a/2년생

🌿 병충해 예방법과 방제

- **병해** : 주요 병해는 흰가루병, 녹병, 점무늬병 등이 있는데 녹병에는 마이클로뷰타닐 수화제, 크레속심메틸 액상수화제, 테부코나졸 액상수화제 등이 등록 고시되어 있고, 점무늬병에는 디페노코나졸 유제, 아족시스트로빈 액상 수화제 등이 등록 고시되어 있다.

- **충해** : 주요 충해는 진딧물류, 차응애 등이 있는데 진딧물류에는 비펜트린 수화제 외 몇 품목이 등록 고시되어 있고, 차응애에는 비펜드린 수회제, 아세퀴노실 액상수화제, 테부펜피라드 유제 등이 등록 고시되어 있다. 그러나 응애에 대한 약제 방제 효과는 그다지 크지 않다. 재배 계획 단계에서 밭의 상황을 감안하여 바람이 불어오는 방향과 같은 방향이 되게 골을 설계하는 것이 응애류의 발생 밀도를 낮추는 데 도움이 된다.

도꼬마리 (창이자) *Xanthium strumarium* L.

- **식물명** : 도꼬마리
- **학명** : *Xanthium strumarium* L.
- **과명** : 국화과(Compositae)
- **별명**(이명. 속명) : 대꼬리, 창자(蒼子), 지매(地賣), 이당(耳瑻), 창이(蒼耳), 갈기래(暍起來), 우슬자(牛虱子)
- **생약명** : 창이자(蒼耳子)
- **분포지** : 일본, 만주, 중국, 대만, 필리핀 등 아시아, 유럽, 북아메리카 등과 우리나라 풀숲 산야의 길가
- **번식법** : 종자 번식
- **꽃 피는 시기** : 7~8월
- **채취 시기** : 열매는 8~9월, 뿌리는 가을
- **용도** : 약용
- **약용** : 거풍, 해열, 해독, 소염, 살충

한해살이풀로 1m에 달하고 잎과 더불어 털에 뒤덮여 있어 옷에 잘 달라붙는다. 잎은 어긋나며 잎자루가 길고 넓은 삼각형이며 길이 5~15cm로서 흔히 3개로 갈라지며 가장자리에 결각상의 톱니가 있고 3개의 큰 맥이 뚜렷하게 나타나며 양면이 거칠다. 꽃은 7~8월에 피고 황색으로서 가지 끝과 원줄기 끝에 원추상으로 달리며 수꽃은 가지 끝에, 암꽃은 수꽃 아래에 있고 두상화서이다. 총포는 갈고리 같은 돌기가 있고 타원형이며 길이 1cm 정도이고 그 속에 2개의 수과(瘦果)가 들어 있다. 갈고리 같은 돌기로 다른 물체에 잘 달라붙는다.

도꼬마리_ 꽃

도꼬마리_ 지상부

도꼬마리_ 잎(앞면)

도꼬마리_ 잎(뒷면)

도꼬마리_ 열매(미성숙)

도꼬마리_ 열매(성숙)

🌿 재배법

● **재배 적지** : 전국 어디서나 잘 자라며 메마른 땅에 잘 적응한다.

● **번식 및 관리**

　○ 번식 : 종자로 번식한다. 봄철 늦서리의 피해가 없는 시기에 파종한다. 파종 전에 종자를 물에 1~2일 정도 담가서 사용한다. 파종할 때 복토 깊이는 종자의 2~3배 깊이로 충분히 덮어야 발아가 된다.

　○ 토양 적응성이 크므로 특별한 관리를 요구하지 않으며 쓰러지지 않도록 비료 시용에 주의한다.

● **수확 및 가공** : 가을철(9~10월)에 종자가 황갈색으로 익을 무렵 채취하여 햇볕에 말린다. 건조 감량 7.0% 이하로 말려서 보관한다.

🌿 병충해 예방법과 방제

특별히 문제되는 병해충은 없다.

도라지 (길경) *Platycodon grandiflorum* (Jacq.) A. DC.

- ■ **식물명** : 도라지
- ■ **학명** : *Platycodon grandiflorum* (Jacq.) A. DC.
- ■ **과명** : 초롱꽃과(Campanulaceae)
- ■ **별명**(이명, 속명) : 이여(利如), 고경(苦梗), 백약(白藥), 경초(梗草)
- ■ **생약명** : 길경(桔梗)
- ■ **분포지** : 전국 각지
- ■ **번식법** : 봄파종(3~4월), 가을파종(11월 초~중순)
- ■ **꽃 피는 시기** : 7~8월
- ■ **채취 시기** : 늦가을~이른 봄
- ■ **용도** : 약용, 식용
- ■ **약용** : 목감기, 인후통, 치통, 부인병, 설사, 진해, 서남

🌿 식물의 생김새와 특징

동남아시아 원산의 다년생 초본으로 높이는 40~100cm이고 줄기는 하나 또는 여러 개가 나 있다. 뿌리는 굵고 길게 자라는데 자르면 흰빛의 즙액이 나온다. 어긋나는 잎은 양끝이 좁고 가장자리에 톱니가 있으며 길이 3~6cm 정도의 긴 달걀 모양으로 표면은 녹색, 뒷면은 청회색이고 가장자리에 예리한 톱니가 있다.

꽃은 7~8월에 보라색과 백색으로 개화하며 원줄기 끝에 1개 또는 여러 개가 위를 향해 달려 있다. 달걀형의 열매는 삭과로 꽃받

도라지_ 꽃(보라색)

도라지_ 꽃(흰색)

도라지_ 열매

도라지_ 잎

침 조각이 달린 채 익는다. 종자는 검은빛으로 길이는 3~4mm 정도이다.

　깊이가 있는 상자나 분에 심어 두면 매년 채취가 가능하며 줄기가 무성하게 퍼지지 않아 가정에서도 분화 재배가 가능하다.

　식용과 약용뿐만 아니라 아이들과 함께 기르면서 식물의 가치와 용도들을 가르칠 수 있어 학습과 정서 순화를 위한 원예 치료용으로도 이용할 수 있어 여러 가지로 유용한 식물이다.

재배법

내한성이 강하므로 우리나라 대부분의 지역에서 재배가 가능하지만 햇빛이 잘 들고 토심이 깊은 지역이 좋다. 또한 약산성의 물빠짐이 잘 되는 사양토 내지는 식양토가 좋다. 모래땅이나 자갈이 많은 땅에서는 잔뿌리의 발생이 많고 뿌리의 비대가 불량해지며, 점질토에서는 뿌리 뻗음이 좋지 않고 수확하는 데 노력이 많이 든다. 번식법은 종자를 파종하는 직파법과 육묘하여 이식하는 육묘 이식법이 있으나 육묘 이식 재배는 노력이 많이 들기 때문에 장생도라지 생산 등 일

도라지_ 지상부

부 특수한 경우를 제외하고는 대부분 직파 재배를 한다. 특히 잔뿌리 발생을 억제하고 뿌리 뻗음을 좋게 하기 위하여 본밭은 발효된 퇴비를 충분히 넣고 2~3회 깊이갈이를 해 준다. 보통 땅의 도라지 표준시비량은 10a당 질소 12kg(밑거름 50%, 웃거름 50%), 인산 10.5kg, 칼리 9kg, 퇴구비 1,500kg, 석회 200kg이며 웃거름은 생육상태를 보아 1~2회 나누어준다.

도라지_ 새순이 나온 재배밭(2년생)

도라지_ 개화 결실 모습

● **품종** : 약용이나 식용으로 육성된 품종은 거의 없고 대개 지방 재래종이 재배되고 있다.

● **채종** : 가을에 종자가 완전히 성숙하여 꼬투리가 터지기 직전에 줄기를 베어 말린 후 털어서 정선한다. 잘 건조한 종자를 통풍이 잘되는 곳에 보관했다가 파종용 종자로 사용한다.

● **파종** : 파종 시기는 봄파종(3~4월)과 가을파종(11월 초~중순)이 있는데 보통 가을파종을 많이 한다. 가을파종은 종자가 싹이 트지 않고 겨울을 넘길 수 있도록 토양이 얼기 전에 파종하는 것이 좋다.

● **주요 관리법** : 도라지 재배 시 가장 많은 노력이 드는 것은 제초 작업이다. 세톡시딤 유제 등의 등록 고시된 제초제를 사용하거나 손 제초를 하는데, 잡초가 크게 자라기 전에 실시해야 어린 묘의 피해를 줄일 수 있다. 또한 솎음 작업은 제초 작업을 할 때 함께 실시하는데 비가 온 후나 관수 후에 실시하는 것이 좋고, 3.3㎡(평)당 400주 정도가 적당하다. 가지뿌리를 억제하기 위하여 초밀식재배를 권장하기도 한다. 꽃망울이 생겨 종자가 익을 때까지 생식 생장에 많은 영양을 소모하므로 영양분이 꽃으로 이동하는 것을 방지하기 위하여 꽃대를 제거해 주어야 한다. 꽃

대를 제거하는 시기는 6월 중순이나 하순경 꽃망울이 생길 때가 적기이며, 이 이전에 제거하면 다시 꽃대가 올라온다.

- **수확량** : 생근으로 1,600~2,000kg/10a/2년, 건근으로220~400kg/10a/2년

🌱 병충해 예방법과 방제

주요 병해로는 순마름병, 점무늬병, 줄기마름병, 탄저병 등이 있고, 주요 해충으로는 진딧물, 담배나방 등이 있다. 특히 여름 장마철에 지상부가 지나치게 무성하게 자라지 않도록 주의하고, 배수로를 깊이 파서 포장이 과습하지 않도록 관리하는 것이 가장 중요하다. 병해충이 심할 때는 적용 약제를 살포하여 방제한다.

도라지_ 생육 초기

도라지_ 생육 중기

도라지_ 생육 후기

마(산약) *Dioscorea batatas* Decene

- **식물명** : 마
- **학명** : 마(*Dioscorea batatas* Decene), 참마(*D. japonica* Thunb.)
- **과명** : 마과(Dioscoreaceae)
- **별명**(이명, 속명) : 서여(薯蕷), 산우(山芋), 산여(山藷), 옥연(玉延), 서약(薯藥)
- **생약명** : 산약(山藥)
- **분포지** : 우리나라 전국의 산에서 자라며, 밭에서도 재배
- **번식법** : 줄기에 달리는 영양체인 영여자나 덩이뿌리로 번식
- **꽃 피는 시기** : 7~8월
- **채취 시기** : 가을(10~11월)
- **용도** : 약용, 식용
- **약용** : 자양 강장, 요통, 건위, 당뇨, 가래 제거, 소갈, 신장 질환, 폐허증, 소화 촉진

마의 기원에 대하여 『대한약전』에서는 '마과의 덩굴성 다년생 초본인 마(*Dioscorea batatas* Decne.) 또는 참마(*Dioscorea japonica* Thunb.)의 주피를 제거한 뿌리줄기로서 그대로 또는 쪄서 말린 것'이라고 기재하고 있다.

중국이 원산지이며 우리나라와 일본, 대만 등지에 분포하는데 전국적으로 재배도 많이 하고 있다.

산속의 마는 덩굴줄기 끝부분에 새로운 마가 형성되어 지난해의 묵은 마에서 양분을 받아 아주 빠르게 자란다. 암수딴그루로,

마_ 꽃(암꽃)

마_ 꽃(수꽃)

마_ 지상부

마_ 잎

잎은 긴 달걀 모양이거나 달걀 모양의 바소꼴이며 끝은 뾰족하고, 아래쪽은 화살촉 모양이고 잎자루가 있다. 7~8월경 잎겨드랑이에 1~3개의 수상꽃차례가 달린다. 수꽃송이는 곧게 서고, 암꽃송이는 아래로 늘어져서 작고 하얀 꽃을 드문드문 피운다. 꽃이 지면 폭이 넓은 타원형에 날개가 3개 있는 삭과를 맺는다.

마_ 줄기

산속에서 마를 발견하고 파 보았더니, 굵은 손가락 크기라서 실망한 적이 종종 있을 것이다. 이것은 줄기에 달린 영양체인 1~2g의 영여자(열매)가 떨어져서 자랐기 때문이다.

신라 시대 향가인 「서동요」에도 등장할 정도로 우리 민족의 식생활 속에 깊숙이 자리 잡고 있는 마는 어지러움과 두통, 진정, 체력 보강, 담 제거 등 한방에서 알려진 효능만도 10여 가

마_ 열매(영여자)

지에 달할 정도로, 산약(山藥)이라는 생약명에 걸맞게 예로부터 약용으로 널리 이용되어 왔다.

마는 자양 강장에 특별한 효험이 있고 소화 불량이나 위장 장애, 당뇨병, 기침, 폐질환 등에도 효과가 두드러진다. 특히 신장 기능을 튼튼하게 하는 작용이 강해 원기가 쇠약한 사람이 오래 복용하

면 좋다고 한다. 마는 구워서도 먹지만 날것을 가늘게 썰거나 갈아서 먹기도 한다. 또는 쪄 말려 가루를 내 먹기도 한다. 마에 함유된 효소는 열에 약하므로 생즙으로 먹는 것이 좋다고 하며 마만 갈아먹는 것보다 사과나 당근 등을 함께 넣어 갈아먹으면 향이 좋아 먹기도 좋고 영양도 만점이다.

또한 마는 혈관에 콜레스테롤이 쌓이는 것을 예방하는 좋은 식품으로 옛날부터 '마장국(메주에 마즙을 넣어 만든 것)을 먹으면 중풍에 걸리지 않는다'라는 말이 있을 정도이다. 이는 마에 함유된 사포닌이 콜레스테롤 함량을 낮춰 혈압을 내리게 하기 때문으로 보인다. 마는 영양적 측면에서 녹말과 당분이 많이 함유되었고 비타민 B, 비타민 B₂, 비타민 C, 사포닌 성분도 함유되어 있다.

특히 마의 점액질에는 소화 효소와 단백질의 흡수를 돕는 '뮤신(mucin)'이라는 성분이 들어 있는데 뮤신은 사람의 위 점막에서도 분비되며 이것이 결핍되면 위궤양을 일으키는 원인이 된다고 한다. 따라서 마를 섭취함으로써 위궤양 예방, 치료 및 소화력 증진에도 도움이 된다. 뿐만 아니라 뮤신은 장벽을 통과할 때 장벽에 쌓인 노폐물을 흡착하여 배설하는 중요한 역할을 하여 정장 작용이 매우 뛰어난 것으로 알려져 있다. 생활 속의 처방으로는 마를 강판에 갈아 종기에 붙여도 잘 낫는다.

🌿 재배법

● **품종** : 자웅이주(雌雄異株, 암수딴그루) 식물로 자연 상태에서 교잡이 쉽게 이루어져 다양한 변이가 생긴다(600여 종). 식용하는 것은 50여 종인데 현재 재배되고 있는 마는 괴근(塊根, 덩이뿌리)의 모양에 따라 장마(야구방망이 모양처럼 길게 생긴 마), 단마(재배의 편이성을 위해 품종 개량한 짧게 생긴 마), 둥근마로 나눈다. 현재 국내에는 1996년 안동북부시험장에서 육성한 번식용 품종인 마 1호, 긴마 4호가 있다. 또한 우리나라 농수산대학에서 도

입 육종하여 보급하고 있는 둥근대마(*D. alata* L.)가 건강식으로 기대되고 있다.

◈ **번식 방법** : 종자 번식법과 영양 번식법이 있다. 종자 번식을 할 경우 생육이 부진하고 잡종이 되기 때문에 번식용으로 쓰지 않고, 영여자 번식이나 괴경 번식 등의 영양 번식법을 주로 쓴다.

① 영여자 번식법

엽액에 주아가 달리는데 이 주아를 영여자라고 한다. 영여자는 종자가 아니고 영양체이며 종근의 육성을 목적으로 심는다. 영여자 재배는 월동이 가능한 남부 지방에서는 영여자를 채취한 당년 가을 10~11월이나 이듬해 봄인 4월에 심는다. 중부 이북에서는 동해를 받지 않도록 저장하였다가 이듬해 봄에 묘상에 심는다. 밭을 갈기 전 10a당 완숙 퇴비 2,000kg,

마_ 종묘(영여자)

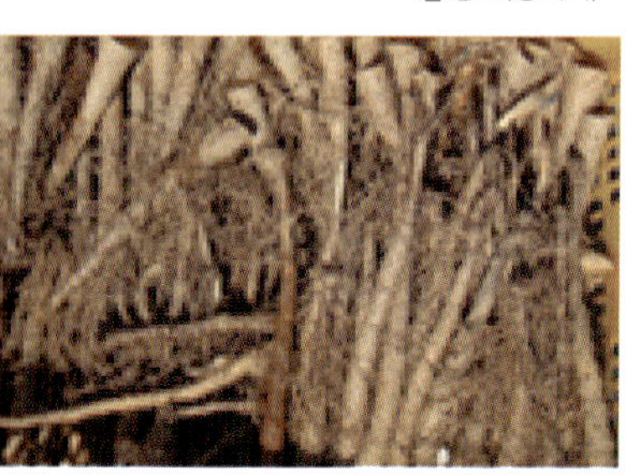

마_ 종묘(노두)

마_ 종묘

질소 15kg, 인산 13kg, 칼륨 15kg을 전층시비하고 깊이갈이
를 한 다음 폭 30cm의 두둑을 만들고, 포기 사이 5~10cm로
하여 한 알씩 심고 3cm 정도씩 흙을 덮어 준다. 덩굴이 30cm
정도 자라면 지주를 세우고 덩굴을 유인하여 올려 준다.

② 괴경 번식법

괴경을 절단하여 번식하는 방법으로서 괴경을 절단할 때는
반드시 표피를 붙여서 절단해야 싹을 틔운다. 절단 부위가
클수록 어린 식물체가 영양을 충분히 받아서 튼튼히 자라고
수량도 높아지지만 종근 소요량이 많아지므로 종근의 크기
를 적절히 조절해야 한다. 적정 종근의 크기는 60~70g 정
도이다. 병원균의 침입을 막기 위하여 베노람 수화제로 분
의(粉依) 소독하여 바람이 잘 통하고 그늘진 곳에 1~2일 정
도 말린 후 심는다. 괴경은 부위에 따라서 묘두(苗頭), 두부
(頭部), 동부(胴部), 미부(尾部)로 나눌 수 있고, 묘두에서 미

마_ 지주 식재 모습(생육 초기)

마_ 지주 식재 모습(생육 중기)

부로 갈수록 발아 기간이 길어지지만 종근으로 사용할 때는 수량 차이는 별로 없다.

- 발아 처리 : 발아 기간이 한 달 정도로 길기 때문에 발아를 촉진시켜 주면 생육 기간이 연장되어 수량이 높아진다. 마의 절편을 에세폰 100ppm(10,000배액) 액에 30~60분간 담갔다가 그늘에서 말린 다음 심으면 발아가 촉진되고 발아율도 높아진다.

- 정식(아주심기)법 : 남부 지역에서는 가을이나 봄 어느 때나 가능하지만 중북부 지역에서는 동해를 받을 수 있으므로 봄에 정식한다. 10a당 완숙 퇴비 3,600kg, 질소 43kg, 인산 28kg, 칼리 32kg을 기준으로 정식 2개월 전에 완숙 퇴비를 전량 뿌려 주고 pH 6.2에 맞게 석회량을 조절하여 경운한다. 질소-인산-칼륨은 밑거름과 웃거름으로 나누어 주는데 밑거름은 종근을 정식하기 전에 각각 19-17-16kg씩을 뿌리고 로터리하며, 웃거름은 1차로 6월 하순에 13-11-10kg을 골의 옆을 파고 시용하고, 2차 웃거름은 7월 중순~하순경에 1차 웃거름을 준 고랑의 반대편을 파고 시용한다. 재식 밀도

마_ 지주 식재 모습(생육 후기)

마_ 채취하기 전 모습

습지에서 잘 자라는 여러해살이풀로 키가 5~50cm이다. 잎은 땅속줄기에서 나오고 많은 비늘잎이 붙는다. 잎의 모양은 신장 모양 원형이며 지름 15~30cm, 잎자루의 길이는 60cm, 가장자리에 불규칙한 톱니가 있다. 암수딴그루이며 꽃은 덩어리로 피는데 꽃이 먼저 피고 나중에 잎줄기가 나오기 시작한다. 뿌리에서 나오는 잎은 잎자루가 길며 표면에 꼬부라진 털과 뒷면에 거미줄 같

머위_ 꽃봉오리

머위_ 잎

머위_꽃

머위_ 줄기

은 털이 있으나 없어지며 가장자리에 불규칙한 톱니가 있고 잎자루의 윗부분은 녹색이나 밑으로 갈수록 자줏빛이 돈다. 개화기는 4월이고 암꽃은 흰색으로 먼저 자라고 그 뒤에 황백색의 수꽃이 자란다. 꽃의 지름은 7~10mm 정도이다. 양성의 소화는 모두 결실하지 않고 자화서의 암꽃이 열매를 맺으며 자화서는 양성화서와 같으나, 꽃이 핀 다음 콩팥 모양의 잎이 나오며 길이 70cm 정도로 길어져서 총상으로 된다. 삭과(蒴果: 속이 여러 칸으로 나누어지고 각 칸마다 씨가 들어 있는 열매)는 털이 없으며 원통형이고 길이 3.5mm, 지름 0.5mm 정도로 털이 없으며, 관모(冠毛)는 길이가 12mm 정도이고 백색이다.

🌿 재배법

● **재배 적지** : 잎사귀가 크기 때문에 메마른 땅보다 습기가 많은 토양이 좋다. 반쯤 볕이 드는 모래땅 또는 양토로 토심이 깊고 기름진 곳이 좋다. 나무 밑 그늘, 밭둑과 담장에서도 잘 자란다.

● **번식 및 정식**

　○ 번식 : 종자 번식과 분주(포기나누기) 번식으로 하는데 분주 번식이 유리하다.

　○ 이식 시기 : 3~4월 또는 8~9월경에 큰 포기에서 눈을 붙여 이식한다.

　○ 종근량 : 분주 번식으로 할 때에는 땅속줄기가 10a 200~250kg 정도 소요된다.

● **주요 관리**

　○ 시비 : 10a당 시비량은 요소 50kg, 용과린 100kg, 염화칼리 30kg, 퇴비 5,000kg이다. 퇴비를 충분히 주고 재배해야 잎과 줄기의 생산이 많아진다.

　○ 밑거름 위주로 시비하고 웃거름은 3월 하순 싹 틀 때와 7월

머위_ 생줄기

머위_ 뿌리

하순에 사용한다.
○ 잎이 커서 증발량이 많아 가뭄피해를 받기 쉬우므로 관수를
자주 하여 준다.

● **수확 및 가공** : 꽃은 싹이 올라오기 전, 잎과 잎자루는 45cm 정
도 자랐을 때가 좋다. 1~2월경에 비닐을 씌워 보온하면 1개월
쯤 빨리 수확할 수 있다. 뿌리는 가을에 채취하여 씻어 말린다.

병충해 예방법과 방제

야생이나 노지 재배에서는 문제되는 병충해가 별로 없으나 시설
하우스 재배를 하는 경우에는 가끔씩 총채벌레류나, 온실가루이,
응애류, 진딧물류 등이 발생할 수 있다. 환경 개선을 통해 예방하
는 것이 좋다.

맥문동

Liriope platyphylla F. T. Wang & T. Tang

- **식물명** : 맥문동(麥門冬)
- **학명** : 맥문동(*Liriope platyphylla* F. T. Wang & T. Tang),
  소엽맥문동[*Ophiopogon japonicus* (L.f.) KerGawl.]
- **과명** : 백합과(Liliaceae)
- **별명**(이명, 속명) : 승상맥동, 맥동, 겨우살이풀, 문동(門冬), 양구(羊韭),
  불사약(不死藥)
- **생약명** : 맥문동(麥門冬)
- **분포지** : 우리나라 충남, 경남, 전남 일원
- **번식법** : 포기나누기, 종자 파종
- **꽃 피는 시기** : 6~9월
- **채취 시기** : 반드시 겨울을 넘기고 봄 3~4월에 채취
- **용도** : 약용, 관상용
- **약용** : 당뇨병, 이뇨, 심장염, 해열, 감기, 강장, 소염, 거담, 강심,
  진해, 항균

백합과에 속하는 다년생 초본으로 뿌리가 짧고 굵다. 뿌리를 말린 모양이 마치 껍질이 두꺼운 보리 같다고 하여 '보리 맥(麥)'자를 붙여서 맥문동이라고 부르는데 수염뿌리는 가늘고 길며 곳곳에 비대한 작은 괴근(塊根, 덩이뿌리)이 나와 있다. 잎은 밑둥치의 뿌리 있는 곳에서 뭉쳐나며 가을이 되면 잎 사이에서 꽃줄기가 곧게 올라 그 끝부분 꽃송이에 담자색의 꽃이 많이 피고 열매는 장과(漿果)로서 구형이며 흑색으로 성숙한다.

맥문동_ 지상부

맥문동_ 꽃

맥문동_ 잎

맥문동_ 열매 　　　　　맥문동_ 덩이뿌리

여름에는 꽃이 좋고 가을에는 구슬과 같은 열매를 볼 수 있으므로 정원에 심어 관상용으로 이용한다. 덩이뿌리는 약용으로 쓰는데 긴 타원형으로 연한 황백색을 띠고 투명하게 보인다.

중국이 원산으로 우리나라, 일본 등지에 분포하며 우리나라에서는 중부 이남의 산과 들의 그늘지고 습한 곳에서 자생하고 농가에서는 적당히 습기가 있는 사양토에서 재배하고 있다. 밀양이 예로부터 주산지이며 최근에는 충남 청양과 서천 지방에서도 재배한다.

완화(緩和) 자양 강장제로 진해, 거담, 해열에 사용하며 또 폐결핵, 천식 등을 진정시키고 신체 허약에 원기를 돋우고 열성병(熱性病)으로 입이 마르는 구건증(口乾症) 등에 적용하며 아울러 최유제(催乳劑)의 보조약으로 통유(通乳) 작용을 가지고 있다.

🌿 재배법

재배하기에 적합한 토양은 물 빠짐이 좋고 유기물 함량이 많은 pH 6.0~6.8의 모래참흙이나 양토(壤土)가 적합하다. 만일 물 빠

짐이 나쁜 토양이나 점질토
(粘質土)에 심으면 덩이뿌리
의 비대 생육도 늦어지지만
비대해진 덩이뿌리가 썩는
경우도 많아 수량이 감소한
다. 또한 질소질 비료를 많
이 주면 잎만 무성하게 자
라고 덩이뿌리의 비대 생장
이 좋지 않으므로 주의하여
재배하는 것이 좋다. 연작과
과도한 화학 비료의 단용 재
배는 피하고 유기질 비료를
사용하면 품질 향상에 도움
이 된다. 종자 파종법과 포
기나누기법이 있으나 농가
에서는 보통 포기나누기법
을 많이 쓴다.

맥문동_ 새순 나오는 모습

● **파종** : 10~11월에 채종한 종자의 표피를 제거한 후 일주일가량
음지에서 건조시켰다가 노천매장한 후, 봄에 묘판에 파종한다.
대량으로 번식할 때는 종자 번식이 가능하나 발아 기간이 길고
묘판에서 1년 동안 비배 관리(거름을 잘 뿌려 토지를 걸게 하여 식
물을 가꿈) 후 본토에 아주심기함으로써 상당한 시간이 소요되
는 단점이 있다.

● **포기 나누기** : 번식할 포기는 발육이 좋고 비대 건실한 괴근(덩
이뿌리)이 많이 붙는 것을 선택해야 한다. 수확할 때 괴근을 따
고 좋은 포기만을 모아서 뿌리의 길이 2~3cm 정도 남기고 자
르며 지상부의 잎도 잘라 버리고 일단 다발로 흙 속에 저장하

였다가 본밭에 심는다. 심을 때 포기는 4~6촉이 되도록 포기를 나누어서 심되, 심는 간격은 90cm 두둑에 3줄로 심는데 가로 23cm, 세로 25cm 간격이다.

♦ **정식(아주 심기)** : 90~120cm의 두둑을 만들고 20~25cm 간격으로 3줄로 심는데 4~6촉 정도로 포기나누기한 것을 활착이 잘 되도록 적당한 깊이로 심고 흙을 덮는다.

♦ **시비 방법** : 밑거름은 완숙된 퇴비, 계분, 인산, 칼륨 등을 적당히 혼합하여 밭 갈기 전에 골고루 뿌려 전층 시비(全層施肥)가 되도록 한다.

  10a당 표준시비량은 질소 16kg, 인산 18kg, 칼리 18kg, 퇴구비 1,000kg, 석회 200kg을 밑거름으로 준다. 건근수량을 높이기 위해서는 식재 1년차에 10a당 질소 16~22kg을 기비 40%, 추비는 20%씩 3회에 나누어준다(1회 추비 6월 10일, 2회 추비 9월 10일, 3회 추비 12월 10일).

♦ **주요 관리법** : 정식 후 수시로 김매기를 해 주며 작업 시에는 두둑 위를 밟지 않도록 하는 것이 좋고 얇은 천이나 신문지, 짚, 건초 덮기로 수분 증발을 억제해 주면 생육이 더욱 촉진된다. 현재 식재 방법은 검은 비닐을 두둑에 씌워서 식재하고 이랑 사이에 부직포를 씌워 주면 김매기 일손이 줄고 수분이 보습된다.

♦ **수확량** : 건조로 150~200kg/10a/1년

🌿 병충해 예방법과 방제

간혹 진딧물이 생길 수 있으며 그 외의 병충해는 크게 문제가 되지 않는다. 진딧물은 친환경 천연 살충제를 이용하여 구충해 주어야 한다.

박하
Mentha piperascens (Malinv.) Holmes

- **식물명** : 박하(薄荷)
- **학명** : *Mentha piperascens* (Malinv.) Holmes
- **과명** : 꿀풀과(Labiatae)
- **별명**(이명, 속명) : 영생(英生), 페퍼민트, 승양채(升揚菜)
- **생약명** : 박하(薄荷)
- **분포지** : 우리나라 전국 도랑가와 같이 습한 곳
- **번식법** : 3~4월 파종, 영양 번식
- **꽃 피는 시기** : 7~9월
- **채취 시기** : 여름부터 가을까지
- **용도** : 약용, 식용
- **약용** : 위 경련, 소화 불량, 두통, 치통, 감기, 눈 충혈, 부스럼, 해열, 청량

중국이 원산으로 우리나라와 일본 등지에 분포하고 있다. 꿀풀과에 속하는 다년생 초본으로 비교적 습지에 자라는 숙근초(宿根草)인데 풀 전체에 털이 있고 향기가 좋으며 지하경(地下莖)을 뻗어 번식한다.

박하는 도랑과 같은 습한 땅에서 잘 자라며 높이가 60~90cm 정도 자라고 전체에 털이 있다. 밑부분은 포복성(줄기의 지지 기능이 발달하지 않아 지표 위를 옆으로 기는 성질)이고 보통 줄기는 둔하게 네모져 있다.

잎은 마주나기를 하며 긴 둥근 꼴이고 양끝이 좁고 길이 2~5cm, 너비 1~2.5cm 정도이다. 연한 자주색이나 흰색의 꽃이 7~9월에

박하_ 지상부

박하_ 꽃

박하_ 잎

피고 꽃받침은 녹색이며 끝이 5개로 갈라지고 수술은 4개이다. 열매는 분과이며 긴 둥근 꼴이다.

번식력이 좋고 생명력이 강하여 해마다 빠르게 번식한다. 그러므로 작은 분에 심어 실내에서 재배하여도 잘 자라는데, 특유의 박하 향이 실내에 은은하게 퍼져 기분을 상큼하게 해 주며 약용과 식용으로도 사용이 가능한 유익한 식물이다. 우리나라에서는 산기슭이나 들판의 습지에 자생하고 농가에서 약용으로 재배하고 있다.

박하_ 무리

옛날에는 박하를 영생(英生)이라고 해서 나물을 해 먹기 위해 채소밭에 심었다고 본초서(本草書)에 기록되어 있으나 지금은 채소보다는 약용 목적으로 재배하고 있다.

🌿 재배법

온난한 기후에 적합한 식물이다. 햇볕이 잘 들고 배수가 잘 되는 장소가 재배지로 적합한데, 저온 지대나 고온 지대에 재배하면 박하의 주성분인 멘톨 함량이 적어진다. 따라서 생장기에는 온도가 높고 비가 적당히 오며 수확기를 전후하여 비가 적고 건조하여 일조량이 많은 기후 특성을 가진 곳이 재배 적지이다. 추운 지방에서는 초가을이나 눈이 녹은 후에 심는 것이 좋다.

● **토양** : 토양을 별로 가리지는 않으나 유기질이 풍부하고 배수가 잘 되는 양토가 좋다. 산성 토양은 적당하지 않기 때문에 그 경우는 석회를 3.3m²당 두 줌 정도 섞어 주면 좋다. 대체로 산도가 중성 또는 약산성 토양에서 재배하면 생육이 양호하다. pH 5.0 이하의 토양에서는 재배하지 않는다. 따라서 연작을 하면 토양이 산성화되고 수량이 감소한다. 또한 토양 수분이 적당하게 있어야 좋은데 박하는 천근성(淺根性) 작물이므로 고온 건조한 여름철에 수분 부족으로 피해를 받기 쉬우므로 주의한다.

● **품종** : 박하는 동양종과 서양종으로 분류한다. 동양종은 줄기, 색, 잎 모양에 따라서 적경종(赤莖種), 청경종(靑莖種) 등으로 구분한다. 서양종은 다시 정유의 성질에 따라서 페퍼민트, 스피아민트, 메이로얄민트 종으로 구분한다. 우리나라에서 주로 재배했던 품종은 적경종, 청경종, 삼미종, 수원 1호 등이 있다. 대체로 동양종은 서양종에 비해서 경엽의 수량 및 함유량이 높다.

● **번식 방법** : 박하를 번식하는 방법은 종자 번식과 영양 번식이 가능하며 영양 번식은 삽목법(꺾꽂이), 포기나누기, 뿌리나누기 등이 있고, 주로 분근법을 이용한다. 그러나 종자 번식의 경우에는 박하의 결실이 좋지 않아서 영양 번식법에 비하여 불리하다. 따라서 시험 재배나 품종 개량 등의 목적 외에는 영양 번식법을 많이 따른다.

  ○ 분근법 : 분근법은 3~4월경에 박하의 뿌리를 파내어 그 해에 자란 땅속줄기를 10~15cm 길이로 잘라서 바로 심거나 모판에 심어 모를 키운 다음 본밭에 심기도 한다. 물에 적신 가마니나 비닐 보습물에 싸서 종근이 마르지 않도록 조치한다.

  ○ 삽목법 : 마디가 있는 줄기를 10cm 정도 잘라서 묘판에 꽂는다. 유기질 비료, 모래, 흙의 비율을 1:1:1로 혼합한 묘판에 심은 후 유기질 비료를 충분히 준다. 실용적 가치는 떨어

지지만 종근이 부족하거나 정식한 밭의 결주를 보강하는 목적으로 할 수 있다.

○ 포기나누기(분주)법 : 가을에 수확 후 뿌리를 캐었다가 봄에 싹이 나오면 뿌리가 일부 달린 싹을 쪼개서 심는 방법으로 보통 가을에 박하의 뿌리를 파내어 비옥하고 양지바른 곳에 심었다가 이듬해 봄에 비료를 주고 잘 가꾸었다가 5월 중순~하순경에 모가 20cm 정도 자랐을 때 한 포기씩 나누어 본밭에 아주심기를 하는 방법이다. 남부 지방은 늦가을에 심어도 되지만 주로 봄에 심으며, 거리는 이랑 너비 45~60cm, 포기 사이 10~15cm로 한다.

🌿 병충해 예방법과 방제

주요 병해로는 녹병, 흰별무늬병(白星病) 등이 있고, 주요 충해로는 진딧물, 거세미나방, 박하마디벌레 등이 있다.

💧 **병해** : 생육 기간 동안 연중 발생하지만 주로 7~8월 장마기에 잎과 줄기에 발생하여 적갈색 또는 암갈색의 병반이 수없이 나타난다. 증상이 심해짐에 따라 하부의 잎이 떨어져 박하의 생산량에 영향을 준다. 병이 발병하기 전에 6-6식 석회보르도액을 25일 내외로 2~3회 뿌려 주면 효과적이나, 등록 고시가 되어 있지 않다. 병균이 흑색 동포자를 형성하여 밭에서 월동하므로 늦가을이나 이른 봄에 고사된 줄기나 낙엽, 밭 주변의 잡초 등을 모아서 태워 버리고 석회질소나 석회 등을 적당량 살포하면 예방은 물론 건실한 생육을 도모할 수 있다.

💧 **충해** : 주요 충해로는 진딧물, 거세미나방, 박하마디벌레 등이 있다. 관행적으로 타스타나 모캡 등의 약제들을 사용하고 있으나 등록 고시된 방제 약제가 없기 때문에 완숙 퇴비를 사용하여 포장을 청결히 관리해야 한다.

삼지구엽초 (음양곽)

- **식물명** : 삼지구엽초
- **학명** : *Epimedium koreanum* Nakai
- **과명** : 매자나무과(Berberidaceae)
- **별명**(이명, 속명) : 선령비(仙靈脾), 강전(剛前), 천량금(千兩金), 폐경초(肺經草), 닻꽃, 조선음양곽
- **생약명** : 음양곽(淫羊藿)
- **분포지** : 우리나라 중부 이북
- **번식법** : 종자 파종, 이식, 분주법, 생태 육종법
- **꽃 피는 시기** : 4~5월
- **채취 시기** : 여름~가을
- **용도** : 약용, 식용, 관상용
- **약용** : 정력 강장, 최음, 강정, 발기 부전, 음위, 신경 쇠약, 히스테리, 거풍, 건망증, 혈압 강하

꽃의 모양이 '배의 닻'과 닮았다 하여 일명 '닻꽃'이라고도 한다. 구릉이나 산의 반음지에서 자라는 다년생 초본으로 3개의 가지가 각각 3개로 나뉘어져서 모두 9장의 작은잎이 생기기 때문에 삼지구엽초(三枝九葉草)라고 한다.『대한약전』에 의하면 '매자나무과의 다년생 초본인 삼지구엽초 또는 기타 동속 근연식물의 지상부'를 기원으로 하고 있다.

줄기는 곧게 서고 크기는 높이가 30~40cm 정도이며 한 포기에서 여러 줄기가 올라와 자란다. 뿌리의 근경은 열을 지어 뻗으며 잔뿌리가 많이 달려 엉켜 붙어 땅속으로 번식해 나간다. 적은 잎

삼지구엽초_ 새순

삼지구엽초_ 잎

삼지구엽초_ 꽃

삼지구엽초_ 열매

은 난형으로 끝이 뾰족하고 밑 부분은 심장형이며 잎 가장자리에는 작은 톱니가 나와 있다.

꽃은 총상화서에 아래로 향하여 달리고 4~5월에 황백색 혹은 연보라색, 백색 등의 꽃이 된다. 열매는 방추형이며 6~7월에 결실하는데 2개로 갈라진다.

삼지구엽초는 남자들의 호기심 어린 선망의 대상으로 정력제 중에서는 제일 많이 알려져 있으며 약용식물로서 인기를 독차지하고 있다. 중국의 『본초강목』에 보면 '서주의 발정한 양(羊)이 이 풀을 먹고 하루에 백 번 교합했다'라고 쓰여 있으며 이때부터 음양곽(淫羊藿)이라는 생약명이 생겼다.

음양곽과 혼동하기 쉬운 유사 식물들로는 매자나무과의 '꿩의다리아재비'가 있는데, 삼지구엽초를 많이 본 사람이라야 식별이 가능할 정도로 풀을 말려 잘게 썰어놓으면 쉽게 구분이 안 된다. 또 미나리아재비과의 산꿩의다리, 금꿩의다리, 범의귀과의 노루오줌 등도 오인되기 쉬운 식물이다. 이런 식물들은 삼지구엽초와는 기원을 달리하는 식물들로서 혼용해서는 안 되므로 주의를 요한다.

재배법

반그늘에 재배하는 것이 안전하며 토양은 부엽을 풍부히 사용한 비옥한 토양이 좋다. 약간 서늘한 온도 조건이 좋으며 특히 여름철의 고온은 피한다. 왕성한 생장기인 봄과 여름철에 걸쳐서는 옮겨심기를 하지 않는 것이 좋다.

초봄이나 가을에 묘종을 반음지에 심는다. 10월 중순~11월경 종자를 반그늘이 진 곳에 파종하거나 늦가을에 뿌리줄기에 눈을 4~5개 붙여서 심는다. 너무 건조하지 않도록 풀을 깔아 주고 관수를 해야 하며 비료로는 부엽토, 유박 등의 썩은 즙을 묽게 해서 사용하는 것도 좋다.

경기도와 강원도 중북부 지역을 중심으로 한 산지에 자생하고 있으며 현재 우리나라에서 대규모로 재배하는 곳은 없고 철원 등 일부 지역에서 소규모 면적으로 재배하고 있다.

● **품종** : 전 세계적으로 온대 지방에 20여 종이 분포하고 있으며 구미 각국에서는 주로 지피 식물이나 분화 식물로 이용되고 있다. 현재까지 보고된 주요 종들로는 *E. acuminatum*, *E. alpinum*, *E. brevicornum*, *E. diphyllum*, *E. grandiflorum*, *E. koreanum*, *E. macranthum*, *E. pinnatum*, *E. sagittatum* 등이 있다. 일본에서도 교배 육종을 통하여 다양한 화형과 화색을 가진 분화용 식물로 육성되어 있으나 우리나라에서는 아직 육성 보급된 품종이 없다.

● **번식 방법** : 종자 번식과 영양 번식이 가능하다. 영양 번식은 삽목과 분근 번식을 주로 한다.

① 종자 번식 : 4~5월 중에 개화하여 6월에 결실하게 되는데 개화 및 결실률이 매우 낮고 삭과가 쉽게 떨어져 등숙(登熟, 개화 후 종자의 배젖 또는 떡잎에 녹말 등이 축적되는 현상 또는 그 과정) 중에 비바람에 의해 떨어지므로 종자 채취가 매우 어렵다. 또한 종자는 배의 미숙으로 휴면을 하기 때문에 채종 즉시 후숙(後熟)을 시켜야 하는 등의 세심한 주의가 필요하

삼지구엽초_ 새순 올라온 모습

삼지구엽초_ 재배밭

다. 후숙을 하려면 채종 즉시 노천 매장(250일 이상)하여 파종해야 한다. 종자를 후숙 처리하면 이듬해 봄에 발아한다.
② 영양 번식

○ 삽목(꺾꽂이) : 종자 채취가 어려운 삼지구엽초는 뿌리 삽목에 의한 번식이 많다. 정식 3년째 가을에 지하부를 캐어 새로운 근경을 삽수로 근삽하는 것이 좋다. 근삽할 때 삽수의 길이는 출아율 및 초기 생육에 많은 영향을 미친다. 근경의 길이가 길수록 삽목 후의 생육이 양호하나 단위 면적당 종묘 소요량을 고려하여 5cm 내외로 하는 것이 적당하다. 근삽의 상토는 펄라이트와 버미큘라이트를 각각 1:1의 비율로 하면 출아율 및 정식 후의 활착률 등이 좋다. 삽수의 생장 조정제로 NAA 1,000ppm에 침지(浸漬) 처리하면 지상부와 근경 생육이 양호하다. 근삽 시기는 가을에는 10월 말경, 봄에는 해토와 동시에 일찍 할수록 좋다. 종묘생 사용 근삽 시 삽수의 재식 밀도는 10×15cm로 하고, 근삽 후 3년째에는 15×20cm로 이식하여 새로운 근경의 생장을 좋게 한다. 이후 근경의 생육 상태에 따라 재식 밀도를 조절한다.

○ 분주 : 분주할 토양은 밭에 퇴비, 깻묵 등을 시용하고 경운한 후 120cm 이랑에 10cm 정도 높이로 두둑을 만들어 4월이나 8~9월에 30~40cm 정도 간격으로 골을 타고 25~30cm 간격으로 3~5개의 삭이 붙도록 포기를 나누어 6~10cm 정도의 깊이로 심은 후 물을 준다.

○ 정식 : 정식 시기는 개화기 이후 언제나 가능하지만 생육이 끝나고 휴면기에 들어가기 전 10월 하순경에 하는 것이 가장 효과적이다. 봄에 할 경우에는 4월 상순에 실시하는 것이 좋으나 봄에 일찍 기온이 상승하면 휴면 타파된 눈이 빠르게 신장하므로 주의를 요한다.

- **시비 방법** : 정식 전에 퇴비를 1a당 2,000kg 시용하고 경운하여 로타리 작업을 하고 매년 새로운 근경이 신장해 나갈 수 있도록 경엽의 출현 전에 표층 시비를 한다. 뿌리 삽목을 할 때의 적정 질소 시비량은 10a당 3kg이며 그 이상을 시용하면 유효 묘를 얻는 비율이 낮아지므로 주의한다.

- **주요 관리법**
  - 햇빛 가림 : 생육 초기에 광(光) 부족으로 인하여 웃자라지 않을 정도의 차광이 필요하다. 정식을 하기 전 70% 차광망을 설치하면 좋다.
  - 물 관리 : 정식 후 충분히 관수를 해서 활착을 돕는다. 항상 높은 습도를 유지하도록 관리하는 것이 좋다.
  - 제초 : 제초는 수시로 실시한다. 특히 명아주, 냉이, 여뀌, 닭의장풀 등의 주요 잡초를 집중적으로 방제하여야 한다. 월동기에는 짚을 이용하여 피복하는 것이 월동 후 출현율이 높고 생육도 양호하다.
  - 거름주기 : 비료는 가을에 퇴비, 계분, 깻묵 등을 포기 사이를 파고 준다. 봄에 새싹이 올라올 때 완숙 계분이나 깻묵 등을 주면 좋다.

병충해 예방법과 방제

크게 문제가 되는 병해는 보고되지 않았다. 다만, 충해로는 5월 상순~중순경 유엽(幼葉)기에 굴나방 유충의 피해가 있다.

굴나방은 자생지에서는 큰 문제가 없으나 재배지에서는 잎이 무성하여 유충들의 이동이 용이하기 때문에 피해가 더 크다. 이에 대해 현재 품목 고시된 약제는 없으나 다른 작물에 적용되는 굴나방 전용 약제를 발생 초기에 1회 살포하면 약해 발생 없이 방제가 가능하다.

삽주 (백출) *Atractylodes japonica* Koidzumi

- **식물명** : 삽주
- **학명** : 삽주(*Atractylodes japonica* Koidzumi),
  큰삽주(*Atractylodes macrocephala* Koidzumi)
- **과명** : 국화과(Compositae)
- **별명(이명, 속명)** : 천생출, 동출, 백출, 생창출, 천계, 산계, 산정
- **생약명** : 백출(白朮)
- **분포지** : 전국 양지바른 야산
- **번식법** : 3월 중순~4월 상순 파종
- **꽃 피는 시기** : 8~9월
- **채취 시기** : 늦가을~봄
- **용도** : 약용, 식용
- **약용** : 방향성 건위(芳香性健胃), 이뇨, 동통(疼痛), 발한, 해열

『대한약전』에 의하면 '국화과의 다년생 초본인 삽주(*Atractylodes japonica* Koidzumi) 또는 백출(*Atractylodes macrocephala* Koidzumi)의 뿌리줄기 또는 주피를 제거한 뿌리줄기'라고 기재되어 있다.

삽주와 백출은 형태적 특성이 비슷한데, 공통점은 엽병이 있으며 잎이 항상 3~5갈래로 깊이 갈라지며 뿌리줄기가 발달한다는 것이다.

● **백출** : 중국의 협서, 절강, 안휘, 강서, 호북성 등의 산지에 분포하며 우리나라에서는 중국에서 종자를 도입하여 재배하고 있

삽주_ 잎 올라오는 모습　　　　　　　삽주_ 잎

삽주_ 꽃　　　　　　　삽주_ 줄기

다. 다년생 초본으로 초장은 30~80cm 정도이고 줄기는 직립하며 아래는 목질화하며 생육이 왕성하고 상부에서 분지가 생긴다. 잎은 호생(互生)하며 줄기의 아래 잎은 엽병이 있고, 3~5갈래로 깊이 갈라지며 갈라진 잎은 타원형 혹은 난형이고 피침형으로 끝이 짧고 뾰족하다. 잎 가장자리는 가시 모양의 톱니가 있고 기부는 좁고 끝의 엽편이 가장 크다. 꽃은 9~10월에 가지 끝에서 큰 두상화가 하나씩 피는데 삽주의 두상화서보다 크기가 커서 길이 2.5~3.5cm, 직경 2~3cm이고 총포는 종 모양이며 자색의 꽃이 핀다.

● **삽주** : 국화과에 속하는 다년생 초본으로 우리나라, 일본, 중국의 동북 지방 산지에 자생하는데, 초장이 30~100cm에 달하고 뿌리가 굵으며 마디가 있다. 잎은 근생엽과 경생엽으로 구분되며, 근생엽과 밑부분의 잎은 꽃이 필 때 없어지고 경생엽은 타원형 또는 긴 타원형이며 길이 8~10cm로서 표면이 윤택하고 뒷면에 흰빛이 돌며 가장자리에 짧은 바늘 같은 가시가 있고 3~5개로 갈라진다. 엽병은 길이 3~8cm인데, 윗부분의 잎은 갈라지지 않고 엽병이 거의 없다. 꽃은 두상화서로서 8~9월에 가

삽주_ 잎과 꽃봉오리

삽주_ 채취한 뿌리

지 끝에 하나씩 피며 길이는 약 2cm, 직경은 1~1.5cm 정도이다. 열매는 9~10월에 맺는다. 총포는 종 모양, 총포편은 7~8열이고 털이 조금 있으며 끝은 둔하고 바깥 것은 타원형, 중간 것은 장원형, 안쪽은 길고 끝에 자색 띠가 있다. 꽃은 모두 관상화로 꽃잎은 백색이며, 길이가 1cm 정도이고 끝이 5갈래로 갈라져 길게 펼쳐진다. 뿌리줄기는 비후하고 수평으로 뻗으며 거무스름하고 울퉁불퉁한 굴곡이 심하며 잔뿌리가 붙어 있다. 중국, 일본, 만주 및 우리나라에서 분포하는데 우리나라에서는 주로 산야에서 자생하고 있으며 농가에서 약용으로 재배하기도 한다. 가정에서는 부드러운 싹을 삽주국, 삽주쌈, 나물 등으로 만들어 먹는다. 여러 가지 별명이 있는데 천생출(天生朮), 동출(冬朮), 산출(山朮), 백출(白朮), 창출(蒼朮), 선출 (仙朮), 산연(山蓮)이라고 부르기도 한다.

분류학적으로 백출(白朮)과 창출(蒼朮)은 주의해야 하는데 백출이 백출(*Atractylodes macrocephala* Koidzumi)과 삽주(*Atractylodes japonica* Koidzumi)를 기원으로 하는 것에 비하여 창출은 『대한약전』에서 '국화과에 속하는 다년생 초본인 가는잎삽주[모창출(茅蒼朮), *Atractylodes lancea* D.C] 또는 만주삽주[북창출(北蒼朮), 당삽주, *Atractylodes chinensis* D.C]의 뿌리줄기'로 기재하고 있다.

일반인들이 가장 쉽게 식물체를 분류하는 특성으로는 백출 기원의 삽주와 백출의 경우에는 엽병(잎자루)이 있으나 창출 기원의 모창출과 북창출의 경우에는 모창출의 신초 잎을 제외하고는 엽병(잎자루)이 전혀 없다는 점이다. 이 점을 주의해 관찰하면 편리하다.

🌿 재배법

초세가 강하여 어느 곳에서나 잘 자라지만 햇볕이 잘 드는 비교적 서늘한 산간지에서 잘 자라며, 고온 다습한 곳은 피한다. 토질은 사질 양토, 화산 회질 양토, 부식질 양토 등 지나치게 건조하지 않으며 물빠짐이 좋고 유기물 함량이 많은 토양이 알맞다. 화산 회질 양토에서는 건조에 유의해야 한다. 물빠짐이 좋지 않고 지하수위가 높아서 과습하면 뿌리가 부패할 우려가 있으므로 이런 토양은 피하는 것이 좋다.

국내 재래 백출은 종작 잘 맺히지 않아서 대부분 포기나누기를 한다. 큰 삽주는 발아가 자 되어 종자 번식을 주로 한다. 종자 번식을 할 경우에도 직파 기술이 확립되지 않아서 직파보다는 육묘 이식법이 안전하다.

● **품종** : 재래종 백출은 야생종을 이용하고 있으며, 농촌진흥청에서 재래종에 중국의 큰삽주를 교배하여 우량한 것을 신품종 다원, 상원, 고출, 후출 등 4품종을 육성하였다. 새로 육성된 품종들은 재래종에 비하여 수량은 많으나 병에는 다소 약하다. 주의할 점은 뿌리썩음병이 토양의 수분과 밀접한 관계가 있으므로 토양 선택을 잘 해야 하고 두둑을 최대한 높이 해서 물빠짐이 좋게 해야 한다.

● **포기나누기(분주법)** : 늦가을 뿌리를 수확하여 30g 이상 되는 것을 땅속에 흙이나 모래와 섞어 저장하였다가 이듬해 3월 하순~4월 상순경 눈이 움트기 시작할 때 2~3개의 눈을 붙여 자른

큰삽주_ 종자

큰삽주_ 종묘(종자파종 1년생)

삽주_ 종묘(노두)

다. 자른 부위는 초목회를 묻혀 가능한 건조하기 전 곧바로 심는다(30×30cm 간격). 종근이 큰 것이 생육이 빠르고 건실하게 자라므로 뿌리나누기를 할 때 가능한 크게 자를수록 유리하나 지나치게 크면 종근이 많이 소요된다. 보통 10a당 12,000본 정도의 종근이 필요한데 100~125kg 정도 된다.

육모 이식법

○ 종자 선별 및 파종 : 종자는 묵은 종자를 피하고 신선하고 충실한 종자를 선별하고 베노람 수화제 200배액에 1시간 침지한 후 그늘에 말려서 파종하면 전염성 병의 발생을 막을 수 있다. 종자를 25~30℃의 물에 24시간 침종한 후 파종하면 출아 기간도 단축하고 발아율도 높아진다. 육묘상은 양토 또는 사양토의 적당한 토양에 이랑 사이 45cm 정도로 하여 너비 100cm, 높이 30cm 정도의 두둑을 만들고 15cm 간격으로 얕게 골을 치고 종자를 줄뿌림한 다음 종자가 묻힐 정도로 얕게 흙을 덮어 주고 짚이나 왕겨를 깔아 주어 건조를 막는다. 파종 후 20일 정도면 발아하게 된다. 묘판 면적은 본밭 10a당 1a 정도가 소요되는데 종자는 200~300g 정도가 필요하다. 파종 시기는 3월 하순~4월 상순경이다.

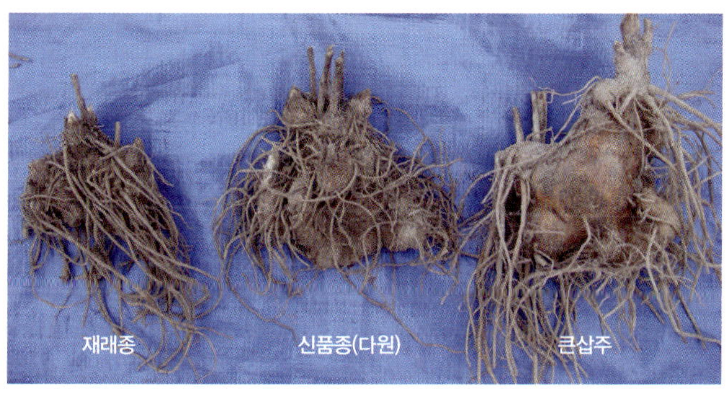

삽주 뿌리 비교

○ 아주심기(정식) : 묘상에서 1년 정도 자라면 본밭에 이식할 수 있는데 당년 10월 하순경 또는 이듬해 봄에 눈의 신장이 시작되기 전(3월 중순~하순경)에 종근을 캐서 본밭에 이식한다. 식재 거리는 30×20cm가 적당하며 검은색 비닐로 피복 재배하면 노지 재배보다 수량을 높일 수 있다.

⬧ **주요 관리법** : 멀칭을 하지 않은 밭은 복토한 후 표토의 굳어짐과 건조를 막기 위하여 짚이나 왕겨 등을 깔아준다. 초기 생육이 잡초보다 떨어지므로 싹이 나면 수시로 제초 작업을 하여 초기 경쟁에서 잡초에 지지 않도록 주의한다. 뿌리의 생장 속도가 빨라지고 여름에 꽃망울이 맺히는데 채종할 모주를 제외하고는 순지르기(적심)하여 뿌리의 생장을 돕는다. 생육 상태를 보아 매년 추비(복합비료 30kg, 퇴비 800kg, 유박 50kg 정도)를 실시한다. 여름철, 특히 장마철에는 배수 관리를 철저히 하고, 건조 피해 또는 잡초 발생을 막고, 겨울 월동을 위해서 짚을 깔아 준다.

⬧ **수확량** : 분주법으로 재배하면 500~600kg/10a/1년, 육묘 이식하면 200~300kg/10a/1년 [분주법이나 육묘 이식 모두 건조근으로 수확할 경우]

🌿 병충해 예방법과 방제

초세가 강하여 병충해의 피해가 없는 편이지만 탄저병, 뿌리썩음병, 입고병, 뿌리선충, 진딧물 등이 백출의 재배 기간에 발생한다. 연작할 때 병해 발생이 많고, 특히 장마기의 잦은 강우로 토양 수분이 과다하면 뿌리썩음병 발생이 많아지므로 장마 직전과 직후에 배수로를 정비하여 과습으로 인한 병 발생을 예방해야 한다. 때로는 균핵병이 생기기도 하는데 에토프 입제, 타보 입제, 지오람 수화제 등을 관행적으로 살포하고 있으나 등록 고시되지 않았다.

쇠무릎 (우슬) *Achyranthes japonica* Nakai

- ■ **식물명** : 쇠무릎
- ■ **학명** : *Achyranthes japonica* Nakai
- ■ **과명** : 비름과(Amaranthaceae)
- ■ **별명**(이명, 속명) : 쇠무릎지기, 산현채, 우경(牛莖), 접골초
- ■ **생약명** : 우슬(牛膝)
- ■ **분포지** : 전국 각지
- ■ **번식법** : 종자 번식(3~4월), 이식, 분주법
- ■ **꽃 피는 시기** : 8~9월
- ■ **채취 시기** : 늦가을~이른 봄
- ■ **용도** : 약용, 식용
- ■ **약용** : 신경통, 관절염, 이뇨, 월경 불순, 타박상, 진통

우슬(牛膝)이라고 불리는 쇠무릎은 비름과에 속하는 다년생 초본으로 뿌리는 거친 수염 모양이고 줄기는 네모졌으며 직립하고 다갈색으로 가지가 많이 갈라져서 크기가 50~100cm 정도이며 마디는 볼록하게 융기되어 있다. 잎은 장타원형 또는 타원형의 도란형에 서로 마주 나고 잎 양끝은 좁고 털이 약간 나 있다.

꽃은 수상화서로 가지 끝이나 잎겨드랑이에서 양성으로 밑에서 위로 피어 올라가며 모두 밑으로 굽어져 있다. 8~9월에 흑색의 꽃이 피며 열매는 타원형에 광택이 있고 종자는 한 개씩 들어 있으며 황갈색이다.

쇠무릎_ 잎(앞면)   쇠무릎_ 잎(뒷면)

쇠무릎_ 지상부   쇠무릎_ 줄기 마디   쇠무릎_ 종자 결실

쇠무릎_ 적심 모습

마디 부위가 굵어 황소의 무릎처럼 생겼다고 하여 붙여진 이름이다. 가을에 열매가 성숙하고 나면 스치는 옷자락에 붙어 먼 곳까지 이동하여 번식하는 식물이다.

중국, 우리나라, 일본 등에 분포하고 있으며 우리나라 각지의 인가 근처에 자생하며 재배하기도 한다. 쇠무릎의 어린순은 나물로 먹고, 뿌리는 약용으로 쓰는데, 한방에서 이 뿌리를 우슬(牛膝)이라고 한다. 우리나라에서 구절초, 옻나무, 느릅나무 등과 같이 민간약으로서 가장 많이 이용되는 것 중의 하나인데 뿌리를 이뇨(利尿), 강정(强精), 통경(通經)에 사용하고 임질(淋疾)과 두통(頭痛)에도 사용한다. 지역에 따라서 말장아리뿌리, 우실, 말장이 등 여러 가지의 이름이 있다.

🌿 재배법

종자로 번식하며 직파하여 재배한다. 15~20일간 싹을 틔워 서리 피해를 받지 않는 시기에 파종하는데, 남부 지역의 경우에는 4월 중순, 중부 지역의 경우에는 5월 초순이 파종 적기이다.

● **채종** : 종자의 채종은 늦가을 경엽이 누렇게 시들 때 생육이 양호한 포기를 낫으로 베어 말린 후 종자를 채취하여 정선한다.

● **파종 준비** : 파종 전에 발아 억제 물질을 제거하기 위하여 종자를 망사에 담아 흐르는 물에 1~2일간 침종 후 4℃에서 15일간 저온 냉장 처리를 한다. 종자 소독은 벤레이트티 1,000배액에 3~6시간 소독한 후 맑은 물로 충분히 씻는다. 소독이 끝난 종자는 20~25℃에서 5~7일간 처리한 후 발아되기 전에 파종한다.

● **파종 방법** : 파종 방법은 흩어뿌림(산파, 散播), 줄뿌림(조파, 條播), 점뿌림(점파, 點播) 등이 있다.

  ○ 흩어뿌림(산파)은 두둑의 폭을 90~120cm 정도로 만들어 흩어뿌림을 한 다음 전용 비닐을 피복하거나, 짚으로 피복한 후 발아한 뒤에 제거한다.

  ○ 줄뿌림(조파)은 줄 간격 20~30cm, 포기 사이 5cm 간격으로 한다.

  ○ 점뿌림(점파)은 인력 점파기를 사용하여 줄뿌림과 같은 간격으로 파종한다. 파종 후에는 종자가 안 보일 정도로 복토를 하고 판자 같은 것으로 가볍게 눌러준다. 조파나 인력 점파기를 사용하면 노력도 절감되고 수량도 증수되어 산파보다 유리하다. 파종한 지 3주일 내외가 되면 싹이 튼다. 발아하면 아주 밀식된 곳이 아니면 솎아 주지 말고 그대로 배게 키운다. 현재는 주로 우슬 전용 비닐을 이용하여 재배하고 있다.

● **시비 방법** : 비옥한 땅의 경우에는 거름을 주지 않아도 잘 자라지만, 척박한 땅의 경우에는 10a당 퇴비 2,000kg과 발효된 계분 80kg을 밭갈이 전에 밑거름으로 뿌려 주어 전층시비(갈아서 농사 짓기에 알맞게 된 작토의 전층에 비료가 섞여 들어가도록 하는 방

쇠무릎_ 종자

쇠무릎_ 생뿌리

법)가 되도록 한다. 웃거름을 많이 주면 줄기와 잎이 웃자라므로 적게 주어야 한다. 웃거름으로 콩 전용 복비를 10a당 20kg씩 6월과 8월에 준다.

● **본밭 관리** : 습해에 특히 약하다. 따라서 6~7월 장마철에 포장이 과습하지 않도록 배수 관리를 철저하게 해 주어야 한다. 또한 7~8월이 되면 경엽이 무성하고 꽃대가 올라와 개화, 결실하게 되는데, 이때 채종할 것이 아니면 7월 중순에 30cm 정도만 남기고 1차로 잘라 준다. 8월 중·하순에는 40cm만 남기고 2차로 잘라 주어 쓰러짐을 방지해 주고, 뿌리의 발육이 잘 되도록 해 준다. 간간이 제초를 해 줄 필요가 있다.

● **수확량** : 생근으로 900~1,200kg/10a/1년

🌿 병충해 예방법과 방제

생육이 왕성하여 병충해는 별로 문제가 되지 않으니 병해로서 갈색점무늬병, 탄저병, 흰가루병 등이 발생하고 충해로는 거세미나방, 진딧물, 응애, 파밤나방 등이 피해를 준다.

시호

Bupleurum falcatum Linné

- **식물명** : 시호(柴胡)
- **학명** : *Bupleurum falcatum* Linné
- **과명** : 산형과(Umbelliferae)
- **별명**(이명, 속명) : 묏미나리, 북시호, 시초(柴草), 여초(茹草), 지훈(地熏)
- **생약명** : 시호, 참시호, 개시호
- **분포지** : 전국 각지의 산과 들판의 양지바른 곳
- **번식법** : 3~4월 또는 10월 하순~11월 중순 파종
- **꽃 피는 시기** : 8~9월
- **채취 시기** : 11월 중순~하순(얼음이 얼기 전)
- **용도** : 약용
- **약용** : 해열, 진통, 강장제, 호흡기나 소화기 질환, 순환기 질환

식물의 생김새와 특징

다년생 초본으로 전체에 털이 없고 줄기는 가늘고 길며 바로 직립하고 높이가 60cm 내외로 가지가 갈라져 있다.

잎은 어긋나기(互生)를 하고 넓은 선형이며 꽃은 복산화서이고 줄기 끝이나 가지 끝에 정생(頂生)하며 꽃은 다수이고 선상 피침형이며 8~9월에 황색으로 핀다.

종자는 타원형이며 9~10월 성숙한다. 뿌리는 주근(柱根)과 세근(細根)으로 되어 있고 주근은 가늘고 길며 구부러지고 세근은 분지(分枝)한다. 외면은 암갈색을 띠고 가로 주름이 있으며 파절면

시호_ 지상부

시호_ 꽃

시호_ 잎

시호_ 뿌리   시호_ 종자

은 섬유성인 이들 뿌리를 모두 약용으로 쓴다. 한때 일본에서 들여와 전남 순천 등지에서 계약 재배했던 '미시마(三島)시호'가 여기에 속한다.

맛은 시고 약성은 평범하여 독이 없으며 방향성 향기가 있다. 중국, 몽고, 시베리아, 일본, 우리나라 등지에 널리 분포하고 우리나라에서는 산야에 자생하고 있으며 농가에서 약용으로 많이 재배하고 있다. 그 밖에도 시호의 변종으로서 개시호(*B. longiradiatum*), 좀시호(*B. reveillel*), 참시호(*B. scorzonerifolium*), 중국시호(*B. chinense*) 등이 있다.

🌿 재배법

우리나라 전역에서 재배가 가능하다. 그러나 생육 기간이 긴 중남부 지역이 유리하며 통풍이 양호하고 햇볕이 잘 드는 곳에서 재배하는 것이 유리하다. 토양은 배수가 잘 되며 토심이 깊고 유기물 함량이 많은 식양토나 양토로서 수분 유지가 잘 되는 땅이 적합하다. 산성 토양에서도 비교적 잘 자라므로 석회 시용이 별도로 필요하지 않고, 개간지에서는 병해 발생이 적다. 배수 불량 또는 연작의 경우 뿌리썩음병의 발생이 많아지므로 주의한다.

- **품종** : 외부 형태 및 해부학적 특성을 기초로 우리나라산 시호를 3종 2변종으로 분류하고 있다. 현재 재배되고 있는 시호는 '재래시호'와 '삼도시호'가 있는데 농촌진흥청 영남농업시험장에서는 1995년 기존 재래 집단으로부터 순계분리 육종에 의해 다수성이고 사이코사포닌(Saikosaponin) 함량도 높은 '장수시호'를 육성하여 우량 품종으로 보급하였고, 1998년에 삼도시호를 순계 분리하여 단간 내도복성이며 품질이 우수한 '삼개시호'를 육성하였다.

- **채종** : 종자의 충실도는 1년생보다 생육이 좋은 2년생 포기에서 채종하는 것이 양호하며 충실한 종자를 파종하여야 발아율이 높고 생육도 좋다.

- **재배** : 1년생 뿌리에서 주성분인 사이코사포닌이 2년생 뿌리보다 많아 수출용은 1년생으로 생산하는 것을 원칙으로 하고 있다. 육묘 이식 재배나 혹은 직파 재배로 2년생 뿌리를 생산했으나 현재는 비옥한 땅에 직파하여 1년생 뿌리로 수확한다.

- **파종 시기** : 직파 재배 시 파종은 늦가을(10월 하순~11월 중순)이나 이른 봄(3월 중순~하순)에 가능하나 일반적으로 늦가을 파종

시호_ 노지 발아 모습(생육 초기)

시호_ 재배 모습

이 발아율이 높고 수확량도 많다. 봄파종 적기는 중북부나 경북의 산간지는 3월 말에서 4월 중순이며 중남부 및 충남, 전남북, 경남, 제주의 평야는 3월 중순~말이 양호하다.

- **파종 방법** : 비중 1.03의 벼 종자 염수선(소금물에 종자를 넣고 비중에 따라 선별하는 방법)의 농도와 같은 소금물을 만들어 볍씨와 같은 요령으로 가라앉은 종자를 물에 닦아 그늘에서 건조하여 파종용 종자로 쓴다. 가을파종의 경우 염수선한 종자를 그대로 파종하지만, 봄에는 그대로 파종하면 종자 표면의 발아 억제 물질 때문에 발아가 불량하므로 반드시 흐르는 물에 2일 이상 담가 발아 억제 물질을 제거한 후 파종해야 한다. 파종은 폭 90cm 정도의 두둑을 만들고 골 사이를 20cm로 하여 깊이 1cm 정도로 얕게 골을 판 뒤 줄뿌림하고 복토하거나 인력 파종기를 이용하여 수월하게 파종한다. 파종 직후에는 수분 보존을 위하여 볏짚으로 덮어 주고 바람에 날아가지 않도록 새끼나 비닐 끈으로 고정시킨다.

- **주요 관리법**
  - 제초 : 농촌진흥청 시험 결과에 따르면 파미드 수화제와 리누론 수화제가 약으로 인한 해도 적고 입묘율도 높아 효과적으로 알려졌으며 펜디메탈린도 약해가 없다. 남부 지방에서는 파종 후 펜디메탈린을 사용하기도 하는데 안전 사용 기준을 지켜서 펜디메탈린을 사용할 경우 제초 작업에 드는 노력을 절감할 수 있다.
  - 피복 볏집 제거 : 발아하여 2/3 정도가 출현하면 즉시 볏짚을 걷어 준다. 너무 빨리 걷으면 발아 출현이 불량하고 늦게 걷으면 묘가 웃자라서 볏짚을 걷어 줄 때 부러지는 것이 많다.
  - 솎음 : 여러 개가 모여 난 곳은 본엽이 2~3매일 때 솎아 주는데 포기 사이 거리가 먼 것은 2~3본을 남겨 둔다. 너무 배게

나지 않으면 그대로 둔다.

○ 순지르기 : 순지르기는 종자 생산에 따른 영양 손실을 방지하고 도복(작물이 비나 바람 따위에 쓰러지는 일)에 의한 피해를 방지해 주므로 꼭 해주는 것이 좋다. 순지르기는 7월 상순~중순경 원줄기가 40cm 정도 자라면 30cm 정도만 남기고 잘라 주고 다시 50cm가 되면 40cm를 기준으로 하여 윗부분을 잘라 준다. 순지르기는 맑은 날에 해야 상처 부위로 병균의 침입이 적다. 여기서 순지르기란 초목의 곁순을 잘라 내는 일을 말하며 눈따기, 곁순치기, 적순, 적심 등으로도 부른다. 잡초 방제는 씨를 뿌리고 펜디메탈린을 살포한 후 40일 간격으로 계속 3~4회 정도 펜디메탈린을 살포하면 시호만 생장이 되므로 잡초 방제는 하지 않아도 된다.

● **수확량** : 건근으로 100~150kg/10a/2년

병충해 예방법과 방제

● **병해** : 주요 병해로는 입고병, 탄저병, 갈색점무늬병이 있다. 시호 잎이나 꽃, 줄기에 발생하는 탄저병은 잎에 갈색 병반을 형성하고 줄기와 꽃은 말라 죽게 되는데 홀벳 수화제를 주면 병이 정지되지만 품목 고시가 되어 있지 않다. 갈색점무늬병이 발병하면 잎과 줄기에 갈색의 작은 반점으로 시작하여 원형 또는 불규칙한 모양으로 번지는데 심하면 잎이 말라죽어 낙엽이 된다. 홀벳 수화제, 다이젠엠-45 등을 주는데 이 역시 품목 고시가 되어 있지 않다.

● **충해** : 주요 충해에는 뿌리에 혹을 만들어 뿌리의 비대를 억제시기고 품길을 저히시키는 뿌리선충충이 있다. 충해에 대한 대비책으로는 연작을 삼가고 화본과 작물과 윤작을 하는 방법이 좋다.

쑥 (애엽) *Artemisia princeps* Pamp.

- **식물명** : 쑥
- **학명** : 쑥(*Artemisia princeps* Pamp.), 황해쑥(*A. argyi* Let. et Vant.), 산쑥(*A. montana* Pamp.)
- **과명** : 국화과(Compositae)
- **별명(이명, 속명)** : 약쑥, 사재발쑥, 타래쑥, 애호(艾蒿), 의초(醫草), 향애(香艾)
- **생약명** : 애엽(艾葉)
- **분포지** : 일본, 만주와 우리나라 전국 각지(특히 강화도 산)
- **번식법** : 종자 파종(3~4월), 주로 분주 번식
- **꽃 피는 시기** : 8~10월
- **채취 시기** : 여름에 꽃이 피기 시작할 때
- **용도** : 약용, 식용
- **약용** : 기혈(氣血)을 다스리고 한습(寒濕 : 추위와 습기로 인한 사기)을 몰아내며 온경(溫經 : 경락을 따뜻하게 함. 한기를 몰아내는 효과가 있음), 지혈(止血 : 출혈을 멈춤), 안태(安胎), 통경(通經 : 월경을 잘 통하게 함), 지통(止痛)

식물의 생김새와 특징

다년생 초본 식물로서 높이는 50~100cm로 지상부에 가지가 많이 나누어진다. 땅속 뿌리줄기는 옆으로 기고 뿌리 잎은 무리지어 돋아난다. 뿌리로부터 나오는 근생엽은 어긋나고 타원형이며 길이 6~12cm, 너비 4~8cm로서 밑부분은 회백색 밀모(密毛 : 빽빽한 털)가 있으며 새의 깃 모양으로 깊게 갈라지고 위로 올라갈수록 갈라지는 형상이 준다. 열편(裂片)은 장타원상 바늘 모양이며 잎에서 특유의 향내가 난다. 꽃은 담홍자색으로 8~10월에 피며 복총상화서(複叢狀花序 : 겹으로 모아나기 꽃차례)로서 한쪽으로 치우쳐 달리며 바람에 의하여 수분한다. 총포(總苞)는 장타원상 종형이고 꽃받침은 나출되어 있으며 과실은 수과(穗果 : 이삭 모양의 열매)이다.

황해쑥(*A. argyi*)은 곧게 자라 가지를 치지 않으며, 줄기와 잎 뒷면에 짧은 털이 조밀하게 있어 뿌옇게 보이며 줄기가 강건하여 비 온 후에도 바람에 쓰러지지 않는다.

재배법

● **재배 적지** : 기후에 대한 적응성이 강하고 토양이 비옥할수록 적응성도 강해지므로 보통 공한지 등을 이용해 재배한다. 배수가 되는 곳이면 아무 곳에서나 잘 자란다.

쑥_ 잎(위-앞면, 아래-뒷면)　　황해쑥_ 잎(위-앞면, 아래-뒷면)　　　산쑥_ 잎(앞면)

쑥_ 지상부 황해쑥_ 지상부 산쑥_ 지상부

◈ 번식 및 정식

○ 번식 : 종자 파종과 분주(포기나누기)로 번식하며 대부분 분
주하여 사용한다.

○ 분주 : 3~4월에 근경으로부터 나온 싹(높이 13~18cm)을 골라
비 온 뒤 토양이 축축할 때 이식한다. 각 구멍에 2~3그루의
묘를 옮긴 다음 물을 주어 활착시킨다.

◈ **주요 관리** : 이식한 해에 3회, 즉 5월, 7월, 11월에 1회씩 사이갈
이와 김매기를 한다. 웃거름은 사이갈이와 김매기 후에 주는 것
이 좋다. 재배하기 시작하여 3~4년이 지나면 뿌리줄기가 노쇠
하므로 갈아엎고 다시 심는다.

◈ **수확 및 가공** : 봄, 여름에 잎은 무성하지만 꽃이 아직 피지 않았
을 때 꽃피기 직전 채취하여 햇볕에 말리거나 그늘에서 말린다.

🌿 병충해 예방법과 방제

쑥에는 봄철 생육 초기에 진딧물이 발생할 수 있으며, 한창 생장
이 이루어질 때 줄기에 상처를 내어 1개의 알을 낳고 줄기를 파먹
으면서 기생하는 국화하늘소가 발생하여 줄기가 말라 죽는 경우
가 있다. 쑥잎벌레는 몸길이 8mm 정도이며 주로 9~10월에 광택
이 나는 구릿빛 검은색의 성충이 되는데 딱정벌레와 비슷하게 생
겼다. 잎 뒷면에 붙어 있다가 주로 저녁에 잎을 갉아 먹는다. 방제
약제가 개발되어 있으므로 적절히 방제한다.

약모밀(어성초) *Houttuynia cordata* Thunb.

- **식물명** : 약모밀
- **학명** : *Houttuynia cordata* Thunb.
- **과명** : 삼백초과(Saururaceae)
- **별명(이명, 속명)** : 십자풀, 즙채(蕺菜), 중약(重藥), 십약(十藥), 령채(岺菜), 취령단(臭靈丹)
- **생약명** : 어성초(魚腥草)
- **분포지** : 일본, 오키나와, 대만, 히말라야, 자바와 우리나라 남부 지방 일부
- **번식법** : 종자 파종, 주로 분주(근경) 번식
- **꽃 피는 시기** : 5~6월
- **채취 시기** : 여름에 줄기와 잎이 무성하고 꽃이 필 때
- **용도** : 야용, 식용
- **약용** : 이뇨(利尿), 화농(化膿), 종양(腫瘍), 창상(創傷), 요도염(尿道炎), 고혈압, 해독, 항균

🌿 식물의 생김새와 특징

여러해살이풀로서 근경은 백색이며 옆으로 길게 뻗으며 원주형
이고 줄기는 곧게 서며 몇 개의 세로 줄이 있고 키는 15~35cm가
량이다. 어긋나는 잎은 잎자루가 길고 심장형이며 길이 5cm 내외
로 잎끝이 날카롭다. 꽃은 5~6월에 엷은 황색 꽃이 피며 수상화서
이고 많은 나화(裸花)가 달린다. 포(包)는 4개이고 꽃차례 밑에 십
자형으로 달려 꽃같이 보이고 타원형 또는 장타원형이며 떨어지
지 않는다. 꽃은 화피가 없고 3개의 수술이 있어 황색으로 보이며

약모밀_ 꽃

약모밀_ 꽃 핀 무리

약모밀_ 잎

약모밀_ 뿌리

씨방은 1개이고 상위로
서 3실이며 3개의 암술대
가 있다. 과실은 삭과(蒴
果 : 속이 여러 칸으로 나누
어지고 각 칸마다 씨가 들어
있는 열매)로서 다소 구형
이며 종자는 각 실에 1개
씩 들어 있다.

재배법

- **재배 적지** : 따뜻하고 습
  윤한 기후를 좋아해 그
  늘지고 축축한 토양에
  서 잘 자라며 가뭄을 꺼
  린다. 비옥한 사질 양토
  와 부식질 양토가 좋다.

- **번식 및 정식**
  ○ 번식 : 종자 번식, 분
    주(포기나누기), 근경
    (根莖 : 뿌리줄기) 번
    식이 있으나 종자 번
    식은 거의 하지 않고
    분주 번식이나 근경
    번식을 주로 한다.
  ○ 분주(포기나누기) · 낮
    고 습한 지대를 골라
    20~30cm 깊이로 갈

약모밀_ 재배밭(봄)

약모밀_ 밀식된 재배밭(여름)

약모밀_ 잎 색이 변한 모습(가을)

고 너비 1.2m, 높이 15~20cm 되는 두둑을 만들어 30cm 간격으로 골을 낸다. 3월 상순부터 4월 상순 사이 뿌리줄기를 파내어 9~12cm로 잘라 골에 포기 사이를 10~15cm로 하여 심고 흙은 3~5cm 두께로 덮은 다음 약간 눌러 주고 물을 주어 활착이 되도록 한다.

- **주요 관리** : 심은 후 싹이 트고 생장하는데 좋도록 토양의 수분을 확보하며 적절히 웃거름을 준다.

- **수확 및 가공** : 여름(6~7월), 가을(9~10월)에 지상부를 예취하여 음건하거나 온풍 건조기로 건조 감량 40% 정도일 때 절단기로 약 3cm 크기로 절단하여 햇볕에 말린다.

병충해 예방법과 방제

생육이 강한 식물로 병해충은 별로 문제되지 않는다. 다만 온난하고 습윤한 기후에서 잘 자라므로 건조한 지역은 피하는 것이 좋다.

엉겅퀴 (대계) *Cirsium japonicum* De Candole

- **식물명** : 엉겅퀴
- **학명** : *Cirsium japonicum* De Candole
- **과명** : 국화과(Compositae)
- **별명**(이명, 속명) : 가시나물, 항가시, 항가새, 자계(刺薊), 호계(虎薊), 마계(馬薊)
- **생약명** : 대계(大薊)
- **분포지** : 전국 각지
- **번식법** : 2~3월 파종, 3 4월 이식
- **꽃 피는 시기** : 6~8월
- **채취 시기** : 5~10월
- **용도** : 약용, 식용(과실주, 양주, 탄산 음료)
- **약용** : 감기, 백일해, 고혈압, 장염, 신장염, 토혈, 혈뇨, 혈변, 항균, 지혈

풀밭에서 흔히 볼 수 있는 다년생 초본으로서 높이는 1m 정도이다. 뿌리는 키에 비해 짧은 편으로 전체에 흰 털이 나 있으며 깃털 모양의 잎은 어긋나기를 하고 거친 톱니와 가시가 있다. 잎 뒷면에 흰 솜털이 나 있고 줄기와 가지 끝에 수술과 암술로만 이루어진 꽃이 한 송이씩 핀다. 꽃받침에 끈적끈적한 점액이 있는 것이 특색이다.

엉겅퀴_지상부

엉겅퀴_꽃

엉겅퀴_잎

산과 들에서 흔히 볼 수 있는 홍자색 꽃을 피우는 자생력이 강한 식물로 여름에 꽃이 핀 들길을 걸을 때 정겨움을 더해 준다.

🌿 재배법

실생법(일반 식물이나 농작물을 씨로 번식시키는 방법)이나 분주법(포기나누기)으로 재배하게 되며 전국 어디에서나 잘 자란다. 토질은 그다지 가리지 않으나 비배관리(거름을 잘 뿌려 토지를 걸게 하여 식물을 가꿈)를 잘하여 크게 키우는 것이 좋다. 농가에서는 주로 실생 번식법으로 재배를 한다.

- **품종** : 육성 보급된 품종은 아직 없고, 농가에서 자가 채종하여 사용하고 있다.

- **파종** : 씨가 익는 10~11월에 채종하여 이듬해 봄에 직파하는데 이랑 너비 90cm의 두둑을 만들어 흩어뿌림이나 줄뿌림한다. 발아율이 좋은 편이다.

- **번식 방법** : 산에서 포기를 캐다가 80cm 너비 이랑에 50cm 간격으로 심어 뿌리가 잘 번식하도록 한다.

🌿 병충해 예방법과 방제

병충해는 아직까지 특별히 알려진 바 없으나 봄에서 여름을 지나면서 땅속의 뿌리를 갉아먹는 애벌레가 있어 식물체를 고사시키므로 이를 방제해야 한다. 아주심기를 하기 전이나 월동 전후 또는 경엽(줄기와 잎)을 수확한 후 황(S) 성분이 들어 있는 제재를 이용하여 토양 조절 및 충해를 억제한다. 한편 토양을 너무 습하게 관리하면 뿌리가 부패하면서 여러 가지 병해가 발병하여 고사하게 되므로 관수 관리를 철저히 하두록 한다.

율무(의이인) *Coix lacryma-jobi* var. *mayuen* (Rom. Caill.) Stapf

- **식물명** : 율무
- **학명** : *Coix lacryma-jobi* var. *mayuen*(Rom. Caill.) Stapf
- **과명** : 벼과(Gramineae)
- **별명**(이명. 속명) : 의주자, 인미, 의미(薏米), 올미, 율미, 천곡(川穀), 의인(薏仁), 미인(米仁), 회회미(回回米)
- **생약명** : 의이인(薏苡仁)
- **분포지** : 전국 각지
- **번식법** : 4~5월 파종
- **꽃 피는 시기** : 7~8월
- **채취 시기** : 9~10월
- **용도** : 약용, 식용
- **약용** : 설사, 장옹, 습비, 관절염, 각기, 이상 세포 억제, 항암, 해열

🌿 식물의 생김새와 특징

『대한약전』에 의하면 의이인이란 '벼과의 1년생 초본인 율무[*Coix lacryma-jobi* var. *mayuen*(Rom. Caill.) Stapf]의 종피를 제거한 씨'를 기원으로 수재하고 있다.

『동의보감』에는 '율미쌀'이라 하여 곡부(穀部)에 수재하고 있어 실제로 약용보다는 식용으로 더 많이 이용되었던 것을 알 수 있으며, 실제로 오늘날에도 자양 강장, 이뇨제로서 식용으로 널리 이용되고 있다.

인도를 중심으로 한 동남아 지역의 원산 식물로서 우리나라에 들어와 재배되기 시작한 연대는 확실하지 않다.

율무_ 잎

율무_ 꽃(암꽃)

율무_ 꽃(수꽃)

율무_ 열매

　　1년생 초본으로 속이 딱딱하며 곧
게 자라는데 재배지의 조건에 따라
다르지만 높이가 1.5~2m에 달하고,
줄기에는 마디가 13~18개 있다. 벼
와 같이 밑부분의 마디 사이는 극
히 짧아 육안으로 구분하기 힘들고,
윗부분 5~7개의 마디 사이만 길게
성장한다. 밑부분에서부터 2~5번째
마디에서 가지가 나오고, 마디 사이
가 성장한 3~4번째 마디부터는 열
매를 맺는 가지가 나온다.

율무_ 지상부

　　잎은 어긋나기를 하고 너비 약 2.5cm로서 밑부분은 잎집으로 되
어 있다. 꽃은 7~8월에 피고 잎겨드랑이에서 나온 꽃이삭 끝에 길
이 3cm 정도의 수꽃이삭이 달려 있다. 밑부분에는 타원형의 잎집
에 싸여 있는 암꽃이삭이 있다.

　　길이 약 1.2cm 되는 포(꽃대의 밑이나 꽃자루의 밑을 받치고 있는 녹
색 비늘 모양의 잎)는 딱딱하며 흑갈색으로 익는다. 씨방이 성숙하
면 잎집은 딱딱해지고 검은 갈색으로 변한다. 열매는 10월에 익
고 견과이다.

재배법

열대 또는 아열대 지방의 작물이기 때문에 생육 기간 동안 기온이
높아야 수량도 많아진다. 따라서 우리나라의 경우에는 동남향의
남부 지역에서 재배하는 것이 유리하며, 중북부 지역에서 재배할
때는 가급적 숙기(熟期, 성숙기)가 빠른 품종을 선택하는 것이 좋다.
토질은 배수가 잘 되고 습기가 있는 사질 양토 또는 식질 양토가
적당하다. 율무는 비교적 습해에 잘 견디고 초세가 강하며 흡비력
(작물이 비료 성분을 흡수하는 힘)이 강한 작물이기 때문에 개간지에

서도 많이 재배되고 있다.

● **품종** : 염주(*Coix lacryama-jobi* L.) 중에서 엽모(葉毛)의 유무나 자방의 형상을 기준으로 분류한 결과 엽모가 없고 자방이 구형인 것 중에서 종실이 크며 종피가 연하고 얇은 것은 율무(*Coix lacryma-jobi* var. *mayuen*(Roman.) Stapf)로 분류한다. 염주는 율무에 비해 열매가 달걀형으로 더욱 단단하고 강한 광택이 있으며 이 열매를 천곡(川穀)이라 하여 의이인(薏苡仁) 대신 이용했으나 현재는 사용하지 않는다. 농가에서 재배하고 있는 품종을 보면 김제종, 애원율무, 율무 1호, 밀양율무, 대청율무, 풍성율무 등 현재 몇 가지의 품종들이 농촌진흥청 산하 시험연구기관에서 육성, 보급되고 있다.

○ 김제종 : 전국 각지에서 재배되고 있는 지역종들을 작물 시험장에서 수집하여 비교 시험한 결과 전북 김제에서 수집된 재래종이 숙기가 빠르고 키가 크며 가지가 많고 수량이 많은 우량 품종으로 밝혀짐에 따라 이를 '김제종'으로 명명하고 농가에 보급하였다.

○ 애원율무 : 일본에서 도입하여 비교 시험한 결과에 따라 1986년에 보급종으로 결정된 품종이다. 숙기는 김제종과 비슷하지만 가지 수가 김제종보다 많고 줄기당 입수도 많아 김제종보다 18% 정도 수량이 높다.

○ 율무 1호 : 전국 각 지역에서 수집한 종자 중 껍질이 얇은 계통들을 1987년부터 작물 시험장에서 계통 분리하여 1993년에 우량 보급종으로 결정된 품종이다. 초장, 줄기 및 분얼 특성은 김제종과 비슷하나 주당 입수가 많이 수량이 높고, 종피가 얇아 도정이 용이하고 정현율도 높다.

● **재배 양식** : 율무 재배 방법은 직파 재배와 육묘 이식 재배의 두 가지가 있다. 육묘 이식 재배의 경우, 생육 일수가 150일 이하

인 중북부 지역에서 생육 기간을 연장시켜 수량을 연장시키고
자 할 때 혹은 적기 파종이 힘든 경우 외에는 바람직하지 않으
며 직파 재배가 주로 이용된다.

1) 직파 재배

① 파종기 : 충남, 경북 이북 지역에서는 4월 하순경에 파종하
고, 남부 지역에서는 5월 상순에 파종하는 것이 적기이다.
파종기가 늦어지면 늦어질수록 수량 감소가 많아지므로 적
기에 파종할 수 있도록 주의한다. 파종 후 비닐 피복을 해
주면 초기 생육이 왕성하여 수량이 증대된다.

② 종자 소독 : 종자 소독을 하지 않으면, 잎마름병균이나 깜
부기병균이 종자에 묻어서 큰 피해를 주므로 반드시 종자
소독을 한 다음 파종해야 한다. '플루디옥소닐 종자처리 액
상수화제' 2000배액에 침종 전 72시간 침지하여 종자 소독
을 한다.

③ 시비 : 흡비력이 강하고 특히 질소질 비료의 효과가 크게
나타나는 작물이므로 질소가 계속 원활하게 공급되도록 해
주고, 유기물도 충분히 주어야 한다. 화학비료는 10a당 질
소 18kg, 인산 6kg, 칼리 6kg을 주는데 유기물, 인산 칼리
는 전량을, 질소는 40%(7.2kg/10a)를 골고루 뿌려 준 다음
밭갈이를 하여 전층 시비가 되도록 한다. 나머지 질소질
비료의 60%는 가지거름으로 30%(5.4kg/10a), 이삭거름으로
20%(3.6kg/10a), 그리고 이삭이 올라와 꽃이 핀 후 알거름으
로 10%(1.8kg/10a)를 주고 칼리는 밑거름 50%, 웃거름 50%
로 나누어준다. 퇴구비 2,000kg, 석회는 200kg을 밑거름으
로 준다. 이삭거름이나 알거름은 식물의 생육 상태를 보면
서 가감하는 것이 좋다. 질소질 비료가 지나치게 많으면 마
디 사이가 길어져 넘어질 우려가 있을 뿐만 아니라 잘 여물
지도 않아 수량이 감소할 수 있다.

④ 재식 밀도 : 지력, 시비량, 파종 시기 등에 따라 조절되어야 하겠지만, 대체로 중부 지역의 경우에는 이랑 너비 60cm에 포기 사이를 10cm로 하여 1포기씩 심는 것이 수량이 많다. 남부 지역의 경우에는 이랑 너비 60cm에 포기 사이를 30cm로 하고 2포기씩 심는 것이 수량이 높다. 줄뿌림을 한 경우에는 본엽이 2~3매 전개되었을 때 적정 거리로 솎아 주고, 점뿌림(4~5립)을 한 경우에는 본엽이 2~3매 전개되었을 때 포기 사이가 10cm인 것은 세력이 좋은 1포기만 남기고, 20cm인 것은 2포기씩 남기고 솎아 준다.

2) 육묘 이식 재배

① 육묘 : 묘판은 햇빛이 잘 드는 곳에 양상(揚床)으로 설치하며 10a당 필요한 묘판 면적은 33m² 정도이다. 먼저 퇴비 100kg, 인산 10kg, 칼리 10kg을 전층 시비(全層施肥)하고, 질소질 비료는 주지 않는다(웃자람을 방지하기 위함). 두둑 너비는 120cm로 하고 10cm 간격으로 골을 파고 줄뿌림을 하는데 이때 종자 사이의 거리는 3~5cm가 되도록 한다. 파종이 끝나면 흙을 덮고 발아가 잘 되도록 물을 충분히 준 다음 비닐을 덮었다가 싹이 올라오면 저녁 무렵 벗겨 준다. 발아가 끝난 후에는 웃자람을 막고 모를 튼튼히 키우기 위하여 겹친 것들을 솎아 준다. 육묘 기간은 30일 정도이며, 키가 20~30cm 정도 자라고 본잎이 4~5매 정도 나왔을 때 옮겨심기를 한다. 파종 시기는 4월 중순~하순이 가장 알맞으며, 늦어도 5월 초순까지는 파종을 마쳐야 한다. 5월 중순 이후 파종하면 수량이 많이 감소한다.

② 아주심기(정식) : 파종 후 30일 정도 지나 5월 중순~하순이 되면 본밭에 옮겨심기를 하는데, 옮겨심기 전에 물을 충분히 주고 뽑아야 뿌리의 손상이 적어 옮겨 심은 후의 활착이 빠르다. 본밭 정식은 보통 이랑 너비 60cm, 포기 사이

20cm로 한다.

- ● **주요 관리법** : 생육 상태를 봐 가면서 웃거름으로 질소질 비료를 준다. 그러나 질소질 비료를 너무 많이 주면 줄기와 잎만 무성해지고 결실이 잘 안 되므로 주의한다. 또 본잎이 4~5매 정도 나왔을 때 솎아 주고, 발아가 불량한 곳은 보식(補植)해 준다. 솎음과 보식 작업이 끝나면 김매기를 겸해 배토해 주어야 비바람에 쓰러지는 것을 예방할 수 있다.

- ● **수확량** : 300~420kg/10a/1년 [정현비율 50~69%]

🌿 병충해 예방법과 방제

- ● **병해** : 잎마름병과 깜부기병이 가장 중요한 병해이다. 잎마름병은 종자 전염성 병으로 종자 소독을 철저히 해 준다. 종자 소독을 해 주었는데도 발생하면 디페노코나졸 유제 2000배액 등 등록 고시된 약제를 살포한다. 깜부기병 역시 종자전염성 병으로 종자 소독을 철저히 해 주어야 한다.

- ● **충해** : 멸강나방, 혹명나방, 조명나방이 주요 충해이다. 멸강나방은 6~8월에 갑자기 대발생하여 이동하면서 벼과 식물의 잎을 폭식하여 큰 피해를 준다. 파프 유제 1000배액을 살포하고 있으나 등록 고시되지 않았다. 혹명나방은 7~8월에 발생하여 잎을 갉아먹는데 칼탑 수용제나 지오신 수화제를 살포하여 방제하고 있으나 역시 등록 고시되지 않았다. 조명나방은 7월 중순경부터 발생하여 줄기 속을 뚫고 들어가 큰 피해를 준다. 줄기 속으로 뚫고 들어 간 뒤에는 방제가 힘들기 때문에 발생 초기에 방제하는 것이 중요한데 람다사이할로드린 유제 등의 약제가 등록 고시되어 있다.

잇꽃(홍화) *Carthamus tinctorius* L.

- **식물명** : 잇꽃
- **학명** : *Carthamus tinctorius* L.
- **과명** : 국화과(Compositae)
- **별명**(이명, 속명) : 이꽃, 홍람화(紅藍花), 홍란(紅蘭), 초홍화(草紅花), 황란(黃蘭)
- **생약명** : 홍화(紅花), 홍화자(紅花子)
- **분포지** : 이집트 원산으로 우리나라 경북 의성, 김천 등지
- **번식법** : 종자 번식
- **꽃 피는 시기** : 6월
- **채취 시기** : 꽃은 개화 후 4일경, 열매(홍화자)는 개화 후 20일경
- **용도** : 약용
- **약용** : 활혈(活血 : 혈액 순환을 촉진함), 통경(通經 : 월경을 잘 통하게 함), 지통(止痛 : 아픔멎이), 해독(解毒 : 독을 풀어 줌), 접골(接骨 : 부러진 뼈를 잘 붙게 함)

식물의 생김새와 특징

한해살이풀로 높이 1m가량이다. 꽃은 황색으로 7~8월에 피며 모양이 엉경퀴와 비슷하나 시간이 지나면 황색에서 적색으로 된다. 더러는 흰색 꽃도 있다. 두화(頭花)는 원줄기 끝과 가지 끝에 1개씩 달리며 길이 2.5cm가량이고 지름이 2.54cm 이다. 총포는 잎 같은 포엽으로 싸여 있고 가장자리에 가시가 있다. 열매는 수과(穗果 : 이삭 모양의 열매)이며 길이 6mm가량이고 백색이며 윤채가 있다.

잇꽃_ 꽃(개화 초기)　　　잇꽃_ 꽃(개화 후기)

잇꽃_ 지상부

잇꽃_ 잎과 줄기

재배법

- **재배 적지** : 따뜻하고 건조한 기후가 적합하다. 지대가 높고 건조하며 배수가 잘 되고 토층이 깊고 두터우며, 비교적 비옥한 사질 양토가 적당하다.

- **거름주기** : 질소질 거름이 많으면 기름함량이 줄고 단백질 함량이 증가한다. 일반적으로 10a당 질소 12kg, 인산 7kg, 칼리 7kg, 퇴비 1,000kg을 준다. 질소는 50%는 밑거름으로 50%는 줄기신장 전에 준다

- **파종**
  - 번식 : 종자로 번식한다. 10a당 소요되는 종자는 10~12kg 정도이다. 점파(點播 : 점뿌림)를 할 경우에는 종자량을 1/2로 줄일 수 있다.
  - 파종 시기 : 겨울이 따뜻한 곳은 가을에, 중부 지방에는 해동 직후에 일찍 파종한다.
  - 재식 거리 : 이랑 너비 50cm, 포기 사이 10cm 간격으로 2~3립 파종한다.

- **주요 관리**
  - 비닐 피복 : 파종하기 전에 잡초 방제를 위하여 흑색 비닐을 피복한다.

잇꽃_ 노지 멀칭 재배(생육 초기)

잇꽃_ 하우스 재배(생육 성기)

○ 물 관리 : 가뭄이 계속될 경우에 물을 준다.

○ 제초 관리 : 5월 중순에 손제초 후 짚을 피복하거나 풀 등으로 덮어 준다.

○ 병해충 방제 : 비를 맞히면 탄저병의 발생이 많으므로 비가림 재배를 하면 병의 발생을 줄일 수 있고 종자 수량도 많아진다. 잿빛곰팡이병과 진딧물을 방제한다.

수확 및 가공 : 꽃은 6월 중순~7월 중순 사이에 피는데 등황색 또는 등홍색일 때 따서 그늘에서 말린다. 종자는 7월 하순경에 콤바인으로 수확하거나 전초를 베어 말려서 탈곡한다. 종자의 수확량은 10a당 100kg 정도이며 하우스비가림 재배에서는 200kg 이상 수확이 가능하다.

병충해 예방법과 방제

병해 : 탄저병, 녹병, 갈색무늬병, 잿빛곰팡이병, 시들음병 등이 있다.

충해 : 굼벵이가 뿌리를 자르는 피해를 주고, 진딧물이 바이러스병을 전염하므로 사전에 철저히 방제해 주어야 한다.

잇꽃_ 식재 모습(성숙기)

잇꽃_ 꽃잎 채취에 적합한 시기

작약

Paeonia Lactiflora Pall.

- **식물명** : 작약(芍藥)
- **학명** : *Paeonia Lactiflora* Pall.
- **과명** : 미나리아재비과(Ranunculaceae)
- **별명**(이명. 속명) : 함박꽃, 적작약(赤芍藥), 백작약(白芍藥), 관방(冠芳), 금작약(金芍藥)
- **생약명** : 작약(芍藥)
- **분포지** : 전국 각지
- **번식법** : 2~3월경 종자 파종, 봄 · 가을 이식, 분주
- **꽃 피는 시기** : 5~6월
- **채취 시기** : 가을
- **용도** : 약용, 원예용, 관상용
- **약용** : 복통, 위통, 치통, 두통, 설사 복통, 월경 불순, 월경이 멈추지 않는 증세, 대하증, 식은땀 흘리는 증세, 신체 허약증

식물의 생김새와 특징

다년생 초본으로 길고 살찐 뿌리를 갖고 있으며 줄기는 곧게 서고 60cm 안팎의 높이로 자란다. 잎은 서로 어긋나기를 하는데 두 번에 걸쳐 3배의 잎 조각이 한 자리에 합쳐 나거나 한 번 합치기도 한다. 꽃의 생김새가 모란과 비슷하나 꽃잎이 10~13장으로 많고 꽃이 피는 시기도 모란보다 조금 늦어 모란과 쉽게 구별할 수 있다. 꽃은 가지 끝에 각각 한 송이씩 정생(頂生)하며 대형이고 홍색 또는 백색으로 5~6월에 핀다. 뿌리는 곧고 길며 방추형으로 다수

작약_ 꽃봉오리

작약_ 꽃(적색)

작약_ 꽃(백색)

작약_ 새순

작약_ 잎

작약_ 열매(골돌)

작약_ 씨앗

이고 절단면은 적색을 띠는데 이 뿌리를 약용으로 쓴다.

중국, 일본, 우리나라 등 각지에 재배되고 있으나 우리나라에서는 꽃이 아름답기 때문에 약용 재배뿐만 아니라 관상용으로 화분 재배도 많이 하고 있다. 다년생이기 때문에 집 안 베란다에서 키우면 매년 신경을 쓰지 않아도 해마다 봄이 되면 풍성한 꽃을 볼 수 있어서 좋다. 특히 가족 중 치통이나 복통 등의 환자가 갑자기 생기면 바로 채취하여 약용으로 사용할 수가 있어서 널리 이용되고 있다.

보통 백작약의 이명이 산작약이기 때문에 두 식물을 혼동하는 경우가 있다. 백작약과 산작약(*Paeonia obovata* Maxim.)은 둘 다 한국 특산식물이라는 공통점이 있으며, 생김새와 특징도 거의 비슷하고 생약명도 '작약'으로 동일하다. 다만, 백작약은 꽃이 흰색이고 산작약(이명: 민산작약)은 꽃이 붉은색이라는 차이점이 있다. 또한 붉은색이나 흰색으로 꽃이 피는 작약(*Paeonia lactiflora* Pall.)은 이명인 '적작약'으로 더 많이 불리는데 식약처생약정보시스템에는 민간생약으로 수재하고 있으며 현재 농가에서 재배하는 작약은 대부분 이 식물을 기원으로 한다. 작약, 백작약, 산작약의 뿌리는 모두 생약명이 '작약'이며 한방에서 비슷한 효능을 발휘하는데, 뿌리를 약재로 가공하는 방법에 따라서 백작약과 적작약으로 구분하여 유통되고 있는 실정이다.

🌿 재배법

● **품종** : 농촌진흥청 산하 시험연구기관에서 육성된 적작약 기원의 품종으로서 의성작약, 태백작약, 사곡작약, 거풍작약, 다호작약 등이 육성 보급되었다.

● **번식 방법** : 종자 번식법과 포기나누기(분주)법이 있다. 종자 번식의 경우 한 번에 많은 묘를 생산할 수 있는 장점은 있으나 타화 수정 식물인 작약의 경우 변이가 심하기 때문에 연구용이 아니면 대부분 포기나누기(분주)법을 쓰고 있다. 분주를 하면 모주와 같은 형질 특성을 유지하고 육묘에 필요한 기간을 단축시키는 장점이 있다.

● **분주 적기** : 10월 초순부터 땅이 얼기 전까지 새 뿌리를 내리고 이듬해 봄에 지상부의 생육이 왕성해지므로 가을(9월 하순~10월 초순)에 분주를 해야 한다.

● **종근 준비** : 포기를 캐낸 다음 굵은 뿌리는 정선하여 한약재로

작약_ 분주묘(노두)

작약_ 생육 초기(1년생)

가공하고, 머리 부분은 쪼개어 종근으로 사용하는데, 대개 종근 하나에 건전한 눈 3~4개 정도를 붙이고, 뿌리는 1cm 정도를 붙여 바싹 자른다. 적정 종근의 무게는 60~100g 정도이다. 상처 부위는 병원균의 침입을 방지하기 위하여 소독을 해야 하는데 베노람 수화제로 분을 소독한 후 심는다. 10a당 종근 소요량은 240~400kg(4,000~4,500개) 정도 된다.

● **정식** : 재배 기간이 보통 3~4년 정도로서 다른 작물에 비하여 길기 때문에 심기 전에 충분한 양의 유기물을 주고 2~3회 깊이 갈이를 하고 두둑을 60~120cm로 만들고 정식한다. 심는 간격은 줄 간격 60cm, 포기 사이 40cm 정도가 적당하다. 심을 구덩이를 파고 눈이 위로 올라오게 심는다. 그 다음 싹이 1~2cm 정도 덮이게 흙으로 덮은 후 심은 자리를 밟아서 물을 주고 날씨가 추우면 짚을 덮어서 보온을 해 준다. 뿌리 심기는 가을철 10월 초순에서 늦어도 하순까지는 해야 한다.

● **종자 파종(종자 번식)** : 종자 파종은 싹이 트면 미리 준비해 둔 묘상에 밑거름을 넣고 2m 안팎의 이랑을 만들어 줄을 지어 뿌리거나 점뿌림을 한다. 흙을 2~3cm 정도 덮은 다음 짚이나 잡초를 깔아서 물을 주고 마르지 않게 해야 한다. 2월 하순에서 3월 상

작약_ 3년생

순경 싹이 나오면 덧거름을 3~4배로 늘리거나 요소를 물에 타서 중거름으로 준다. 묘상에 심은 모는 이듬해 가을에 뇌두 밑을 바싹 자른 것을 다시 옮겨 심는다.

- **시비 방법** : 밑거름보다 웃거름 위주로 주어야 한다. 밑거름이 많거나 앞 작물 재배 때 잔여 비료가 많으면 뿌리의 생장이 좋지 않아서 7~8월에 많이 고사한다.

- **주요 포장 관리** : 제초 작업은 수시로 해 주고 웃거름 직후 제초와 흙덮기를 겸하여 해 주면 좋다. 검정 비닐 피복 재배 시에는 배수로의 잡초 제거 위주로 한다. 또한 종자 채취 또는 절화용을 제외하고는 꽃대를 제거해 주어야 하는데 어릴 때 낫으로 2~3회 제거 작업을 한다. 또한 비닐 피복 재배를 하면 1년차에는 가뭄과 습해를 방지할 수 있다. 특히 습기가 많아지면 뿌리가 썩기 때문에 배수로 정비에 많은 노력을 기울여야 한다.

- **수확량** : 생근으로 2,000~3,000kg/10a/4년근

병충해 예방법과 방제

- **병해** : 병해로는 잎마름병, 탄저병, 흰가루병, 녹병, 점무늬병 등이 발생한다. 이들 병해는 주로 통풍이 잘 되지 않고 햇볕이 잘 들지 않는 곳이나 질소질 비료를 과다하게 사용한 밭에서, 또는 연작(이어짓기)을 한 포장에서 많이 발생하므로 이어짓기를 피하고, 포기 사이와 줄 사이를 너무 배지 않게 조정하는 경종적 예방에 노력해야 한다.

- **충해** : 충해로는 토양 선충이 가장 중요하며, 굼벵이 등에 의한 피해가 있다. 작약의 병해충 방제를 위한 연구가 많이 진행되어 적용약제들이 많이 등록 고시되어 있다. 따라서 적용약제를 안전 사용 기준을 지켜서 사용하면 좋다.

지황

Rehmannia glutinosa (Gaerth.) Libosch. ex Steud.

- **식물명** : 지황(地黃)
- **학명** : *Rehmannia glutinosa* (Gaerth.) Libosch. ex Steud.
- **과명** : 현삼과(Scrophulariaceae)
- **별명**(이명, 속명) : 지수(地髓)
- **생약명** : 생지황(生地黃), 건지황(乾地黃), 숙지황(熟地黃)
- **분포지** : 전국 각지
- **번식법** : 4월 하순~5월 상순 종근 분근법
- **꽃 피는 시기** : 6~7월
- **채취 시기** : 가을(지상부가 고사한 뒤)
- **용도** : 약용(뿌리)
- **약용** : 보혈, 강장제, 당뇨병, 백내장, 항균, 고혈압, 월경 불순

🌿 식물의 생김새와 특징

원산지는 중국으로 일본, 우리나라 등에 분포하며 우리나라에서 전국적으로 많이 재배하고 있다. 지황은 다년생 초본으로 현삼과에 속하며 줄기잎은 어긋나게 호생(互生)한다. 잎자루가 있으며 타원형에 끝이 뭉뚝하고 잎 밑에 쐐기 모양의 거치(톱니, 식물의 잎이나 꽃잎 가장자리에 있는 톱니처럼 베어져 들어간 자국)가 있는 반면 줄기 및 잎 전체에는 잔털이 많다.

꽃은 6~7월쯤에 홍자색으로 피며, 과실은 타원형의 삭과로서 9~10월경에 결실한다. 뿌리는 굵은 근경(根莖)인데 이것을 약용으로 쓴다.

주로 물빠짐이 좋고 토심이 깊은 식양토나 사양토로서 유기물 함량이 많은 곳이 좋다. 배수가 불량한 곳에서는 뿌리썩음병이 많이 발생한다.

조제법에 따라 땅에서 파내어 씻은 그대로를 생지황(生地黃), 생지황을 그대로 말린 것을 건지황(乾地黃), 생지황을 쪄서 말려서 새까맣고 끈적끈적하게 된 것을 숙지황(熟地黃)이라고 한다. 지황은 이 세 가지로 구분하는데, 각각 사용하는 목적이 다르고 외형, 색깔도 다르다. 중국에서는 생지황을 선지황(鮮地黃), 건지황을 생지황이라고 하므로 혼동하지 않도록 주의한다.

🌿 재배법

번식은 종자 번식법과 종근을 이용한 분근(分根)법이 있으나 종자 번식은 새로운 품종 개량을 위한 육종 방법 등에 이용하며 보통은 뿌리줄기를 5~6cm 정도의 크기로 잘라 심는 분근법으로 번식한다. 수확 후 굵은 것은 약용으로 사용하고, 가느다란 것은 종근으로 활용하면 좋다.

우량 종근은 굵기 6mm 정도의 가느다란 것이 생육과 수량에 좋다. 굵기가 1cm 이상인 종근에서는 꽃대의 발생이 많아지고, 굵기가 너무 가늘고 작은 것은 뿌리의 발육이 늦어 수량이 떨어진다. 우량 종근을 선별하여 하루쯤 말렸다가 구덩이를 파고 움저장을 하였다가 이듬해 정식기에 파내어 사용한다. 정식 시기는 4월 하순~5월 상순이며 종근을 옆으로 뉘어 심는 방법이 싹도 쉽게 나고 심는 시간도 단축된다. 이렇게 심으면 품질과 수량도 많아 유리하다. 10a당 종근 소요량은 60kg 정도이다.

● **본밭 만들기** : 거름을 많이 주어야 하는 약초이므로 심기 전해 가을에 10a당 두엄 2,000kg, 질소 12kg, 인산 12kg, 칼리 16kg, 석회 200kg을 골고루 뿌린 후 2~3회 경운하여 두었다가 심을 무렵에 두둑을 짓고 심는데 모든 거름은 완숙된 것을 사용해야 한다. 밭은 100cm 정도의 이랑을 만들어 잘 고른 후 골 사이 30cm, 포기 사이 10cm로 심는 것이 뿌리의 수량도 많고 상품 비율도

지황_ 전초

지황_ 잎(앞면)

지황_ 잎(뒷면)

지황_ 하우스 비가림 재배

높다. 무엇보다 배수가 잘 되어야 하므로 토양 선택을 잘하고, 두둑 높이를 최소한 50cm 이상 높게 해야 한다.

 본밭 가꾸기 : 심기 전에 뿌리를 파내어 그동안 썩은 부분이 있으면 잘라 내고 길이는 6~9cm 정도인 것을 심는다. 자른 지황은 1~2일 건조시켜 자른 부분이 건조된 후에 심는다. 심을 때에는 12~15cm 간격을 두고 한 뿌리나 작은 것은 조금씩 사이를 띄워 2개씩 넣고 2~2.5cm 정도로 흙을 덮은 다음 괭이 등과 같은 도구로 눌러 주고 그 위에 짚을 덮는다. 현재는 비닐 피복 재배를 주로 하고 있다.

 주요 관리법 : 얕게 심어야 하는 약초이므로 잡초가 너무 자랐을 때 뽑으면 뿌리를 해칠 염려가 많다. 또 잡초를 뽑고 나면 바로 풀이나 짚을 두텁게 깔아서 잡초가 자라지 못하게 막는다. 또한 꽃대가 올라오면 뿌리의 비대가 더디므로 수시로 꽃대를 제거하도록 한다. 현재 많이 사용하고 있는 방법은 두둑에 검은

색 비닐을 피복하여 재배하는 것이다.

● **비가림 재배** : 일부 지역 농가에서는 생육이 양호하고, 수량도 많으며, 한여름 장마철에 흙이 잎 뒷면에 튀어 토양을 통해 이동하는 세균성 병해에 이병되는 것을 방지하고 수분 피해를 방지하기 위하여 비가림 하우스 재배를 하는 경우가 많다. 장마철이 지나면 비가림용 비닐을 반드시 제거해야 한다.

지황_ 노지 재배

● **수확량** : 생근으로 600~1,200kg/10a/1년, 건근으로 200~300kg/10a/1년

병충해 예방법과 방제

● **병해** : 주요 병은 근부병(뿌리썩음병)이다. 7월 말부터 9월 초순 사이에 고온, 다습한 조건에서 발생하는데 낮에는 시들고 밤에는 생기를 얻다가 일주일쯤 지나면 고사한다. 병이 발생한 포기는 뽑아서 태우고 전 포장에 점무늬병과 겹둥근무늬병 약을 충분히 살포해 준다. 질소질 비료가 과용되지 않도록 하고 특히 연작지와 과습한 포장에서 근부병의 발생이 많으므로 연작을 피하고 배수 관리에 주의를 해야 한다.

● **충해** : 청벌레와 거세미나방유충의 피해가 있으나 그 피해는 심하지 않다.

질경이 (차전자) *Plantago asiatica* L.

- **식물명** : 질경이
- **학명** : *Plantago asiatica* L.
- **과명** : 질경이과(Plantaginaceae)
- **별명**(이명, 속명) : 차전(車前), 길장구, 빼뿌장이, 배합조개, 차전초(車前草)
- **생약명** : 차전자(車前子)
- **분포지** : 일본, 만주, 중국, 아무르, 우수리, 동시베리아와 우리나라 전국 길가나 들
- **번식법** : 종자 번식
- **꽃 피는 시기** : 6~8월
- **채취 시기** : 전초는 여름, 씨앗은 가을
- **용도** : 약용, 식용
- **약용** : 이뇨(利尿), 청간(淸肝 : 간 기운을 맑게 함), 해열(解熱 : 열 내림), 거담(祛痰 : 가래 제거), 이뇨(利尿), 익간(益肝), 진해(鎭咳 : 기침을 멎게 함)

🌿 식물의 생김새와 특징

여러해살이풀로 많은 잎이 뿌리에서 나와 비스듬히 퍼진다. 잎 모양은 타원형이며, 길이 4~15cm, 너비 3~8cm이다. 꽃은 흰색으로 6~8월에 잎 사이에서 나온 길이 10~15cm의 꽃대에 이삭 꽃차례로 달린다. 포(苞)는 좁은 달걀 모양이며, 꽃받침은 4개로 갈라지고 수술이 길게 밖으로 나오며 자방은 상위이다. 암술은 1개이고 열매는 삭과(蒴果 : 속이 여러 칸으로 나누어지고 각 칸마다 씨가 들어 있는 열매)로 익으면 옆으로 갈라지면서 뚜껑이 열리고 6~8개의 흑색의 종자가 나온다. 질경이 또는 털질경이의 전초를 차전초(車前草)라 하며, 종자를 차전자(車前子)라 한다.

질경이_ 꽃 질경이_ 잎(앞면) 질경이_ 잎(뒷면)

질경이_ 종자 질경이_ 지상부

재배법

- **재배 적지** : 전국 어디에서나 재배가 용이한 식물이다. 그늘진 곳에서도 잘 자라며 한발이 심하지 않는 곳이 생육에 좋다. 건조한 곳에서 자란 전초는 상품 가치가 떨어진다.

- **번식** : 잘 익은 종자를 채취하여 바로 파종하거나 봄에 파종한다.

- **주요 관리** : 특별한 시비는 필요 없으나 질소질 비료의 과다한 시용은 식물체가 연약해지는 원인이 되므로 주의해야 한다. 노지 재배에는 50~80%의 차광으로 연화 재배(軟化栽培)하여 연중 연한 잎을 생산할 수 있다. 잎은 노지 재배에서 잎은 연간 3회 정도 채취가 가능하다. 재배 기간 중에 가물지 않도록 관리한다.

- **수확 및 가공** : 약재로 쓸 전초는 개화기에 뿌리째 뽑아 씻은 후 그늘에 말려서 쓴다. 종자는 가을철에 성숙한 화경을 베어 햇볕에 말린 다음 털어서 쓴다.

병충해 예방법과 방제

생육이 강하고 환경 적응력이 좋은 식물로서, 문제되는 병해충은 별로 없다.

질경이_ 식재 모습(생육 초기)

질경이_ 재배밭

천궁 (일천궁, 토천궁)

Cnidium officinale Makino,
Ligusticum chuanxiong Hort.

- **식물명** : 천궁
- **학명** : 일천궁(*Cnidium officinale* Makino), 토천궁(*Ligusticum chuanxiong* Hort.)
- **과명** : 산형과(Unbelliferae)
- **별명**(이명, 속명) : 궁궁(芎藭), 두궁(杜芎), 무궁(撫芎), 호궁(胡藭), 향과(香果), 약근(藥芹)
- **생약명** : 천궁
- **분포지** : 전국 각지
- **번식법** : 근성(일천궁), 뿌리를 나누어 번식(토천궁)
- **꽃 피는 시기** : 8~9월
- **채취 시기** : 11~12월에 줄기를 베어 내고, 굴취
- **용도** : 약용(뿌리줄기)
- **약용** : 중풍 치료, 월경 불순, 냉병, 빈혈

🌿 식물의 생김새와 특징

일천궁(*Cnidium officinale* Makino)은 다년생 초본으로 뿌리줄기가 굵다. 잎은 어긋나며 2~3회 깃털 모양 복엽이며 높이 30~60cm로 키가 작은 편이다. 털은 없으며, 잎자루는 속이 비어 있고 줄기는 없거나 아주 미미하며 짧다. 꽃은 백색으로 8~9월에 가지 끝에 산형꽃차례로 핀다. 꽃잎은 5개, 5개의 수술과 1개의 암술이 있다. 우산 모양 큰 꽃인 산경(傘梗)은 10개 정도, 작은 꽃 소산경(小傘梗)은 15개 정도이다. 중국에서 일본을 거쳐 국내로 들어온 귀화 식물이며, 염색체 불화합성으로 열매는 맺지 않는다.

일천궁은 심은 종구에서 새끼 근경이 발생하는데 새끼 근경은

일천궁_ 꽃

일천궁_ 지상부

일천궁_ 잎

근생엽만 나오고 줄기를 내지 않으며 심은 종구에서 줄기가 올라오고 심은 종구와 새끼 근경이 자란다. 땅속에 묻힌 줄기 마디에는 토천궁과 같이 영자(秭子)가 형성되며 꽃은 8월 중순경부터 피고 일천궁은 결실하지 않고 영양 번식을 한다.

토천궁(*Ligusticum chuanxiong* Hort.)은 높이 70~100cm이며 털이 없고 잎은 호생하며 깃털 모양 2~3회 복엽이며 곧게 자란다. 줄기는 턱잎이 감싸고 있는데 그 사이에 꽃은 8~9월에 가지 끝에 산형꽃차례로 피며 큰 꽃인 산경은 15~25개로 일천궁보다 크고 많으며 총포(總苞)와 소총포(小總苞)가 있다. 줄기는 1cm 내외로 굵고 줄기에 줄기 색보다 진한 녹색으로 세로의 부드러운 능(菱)이

토천궁_ 지상부

토천궁_ 꽃

토천궁_ 잎

있으며 줄기의 주간을 중심으로 여러 개의 분지가 있다.

마디는 아래에서부터 위쪽으로 길어지며 분지된 가지에는 각각의 큰 꽃 산경이 핀다. 꽃은 끝쪽이 먼저 피고 아래쪽으로 핀다. 심은 종구에서 새끼 근경을 내지 않고 몇 개의 싹눈이 형성되어 근생엽이 나오고 줄기가 형성되어 올라오며 8월 중순부터 꽃이 피고 심겨진 종구가 커지면서 땅속에 묻힌 줄기 마디에서 염주상으로 육질이 형성되는데 이를 영자(笭子)라 하여 번식용으로 쓴다.

원산지는 중국이며 우리나라는 여름철이 시원한 경북 영양과 봉화, 강원도 영월 등이 주산지이다.

재배법

여름에 시원하고 강우가 풍부하며 땅이 기름진 곳에서 잘 자란다. 토천궁이나 일천궁은 모두 사양토나 양토로서 유기물 함량이 많고 물빠짐이 좋으며 습기 보존이 잘 되는 땅이 생육에 양호하다. 뿌리 뻗음이 좋지 않으므로 어느 정도 습기를 유지시켜 줄 필요가 있지만 물빠짐이 나쁘면 장마철에 뿌리가 썩기 쉽다. 배수가 나쁜 점질토에서는 뿌리줄기의 비대가 좋지 않고 사질토에서는 가뭄의 피해를 받기 쉽다.

일천궁_ 뿌리

토천궁_ 뿌리

일천궁_ 종묘(근경)

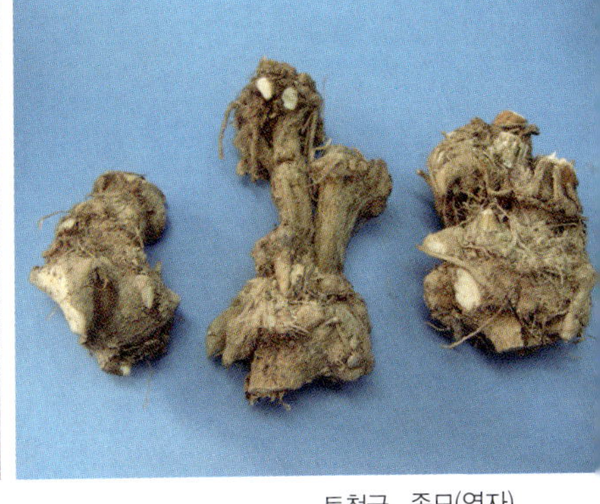

토천궁_ 종묘(영자)

● **품종** : 국내에서 재배되고 있는 것은 대부분 지방 재래종이며 지역 재래종 중에서 영양체를 선발한 울릉종이 있다. 토천궁은 일천궁보다 수량성이 낮으나 시장 가격이 높고 내한성이 강해 중북부 지역의 준고랭지 및 고랭지 재배에 적합하다. 일천궁은 토천궁보다 가격은 낮으나 수량성이 높다.

○ 종자 종묘의 선택과 포장 준비 : 천궁은 종근값이 많이 들어가는데 큰 것을 심을수록 종근 값이 많이 들고 수량성이 높다. 그러나 경영에 합리적인 종근의 크기는 토천궁의 경우 노두 직경이 2.0~2.5cm 정도인 크기가 좋고, 종근 소요량은 10a당 60kg 정도이다. 일천궁은 종묘의 무게가 25~30g 정도가 적당하며 10a당 120~150kg(250근)이 소요된다.

● **번식 방법** : 토천궁은 꽃이 피기는 하지만 결실하지 않고 일천궁은 꽃대가 올라와 꽃이 피는 것이 매우 적어 종자 채취가 어렵다. 따라서 뿌리를 나누어 번식시키는 것이 일반적이다. 토천궁은 8~9월에 뿌리 윗부분을 흙으로 덮어 주면 흙에 묻혀 아랫부분 마디에 손에 반지를 낀 것 같은 노두(蘆頭) 또는 영자(崇子)가 생기는데 이것을 수확 시에 잘라 씨뿌리로 심는다. 노

일천궁_ 노지 재배

토천궁_ 노지 재배

두가 없거나 부족할 때는 비대한 뿌리줄기를 잘라서 심는다. 일
천궁은 토란 모양의 뿌리줄기를 떼어서 심는데 크기가 25~30g
정도인 것을 심고 그보다 작은 것은 가급적 사용하지 않는 것
이 좋다.

● 정식(아주심기)

○ 아주심기의 시기 : 토천궁은 비교적 추위에 잘 견디므로 가을
10월 중순~하순경에 심어서 새 뿌리가 약간 내린 후 겨울을
넘기면 이른 봄부터 왕성한 생육 활동을 한다. 봄에 심을 경
우에는 얼음이 풀리면 바로 싹이 트고 생육 활동을 시작하므
로 싹이 올라오기 전에 가능하면 빨리 심는다. 일천궁은 추
위에 견디는 힘이 다소 약하므로 겨울철이 비교적 따뜻한 울
릉도 이외의 지역에서는 가을에 심지 않는 것이 좋은데, 이
른 봄에 얼음이 풀리면 곧바로 심는다.

○ 심는 방법 : 심기 전에 폭 100cm, 검은색의 유공(35×30cm)
비닐을 이용하여 종합 작업기에 동시 피복기를 부착하면 하
루 1,500평 정도 피복 작업이 가능하다. 유공 비닐이 없으면
일반 검은색 비닐을 씌워 비닐을 뚫은 다음 싹눈이 위로 향

하게 심되, 토천궁은 5cm 정도, 일천궁은 2cm 정도의 두께
로 흙을 덮어 준다. 일천궁은 깊게 심으면 꽃대가 많이 발생
하고 염주상의 주아가 많이 생기므로 가능하면 얕게 심는다.

● **거름주기** : 거름을 주는 양이나 방법은 토양의 비옥도나 환경에
따라 다르나 10a당 잘 썩은 퇴비 2,000kg과 질소 8~12kg, 인산
6kg, 칼리 6~10kg이 표준이다. 심기 전에 50%, 봄에 생육 상태
를 보아 50%를 주는데 퇴비와 인산은 모두 밑거름으로 준다. 8
월 상순경 지상부의 잎 색이 옅어져 비료분이 부족할 때는 요
소를 10a당 1포 정도 골 사이에 뿌려 준다. 후기 생육을 관찰하
여 잎 색이 옅으면 엽면시비가 효과적이다. 특히 전년에 고추를
재배한 곳에서는 밑거름을 주지 않아도 남은 거름기가 많으므
로 주의하여야 한다.

● **주요 관리법**

○ 흙덮기 : 가을에 심은 것은 3월 하순에서 4월 상순에 땅 위
로 싹이 올라오게 되고 봄에 심은 것은 심은 지 15~20일 후
에 땅 위로 싹이 올라온다. 싹이 올라오면 풀을 뽑아 주고 흙
이 두껍게 덮인 것은 얕게 해 주며 뿌리가 노출된 것은 가볍
게 눌러 주면서 흙을 덮어준다. 바람이 많은 곳은 뚫은 비닐
이 바람에 펄럭거리지 않도록 흙으로 잘 메워 주어야 잡초
발생이 적다.

○ 관수 : 건조에 약한 식물이므로 골 사이에 짚을 깔아 땅의 건
조를 막아 주는 것이 좋다. 정식 후 가뭄이 계속되면 관수를
한다. 일천궁은 수분을 좋아하는 작물이므로 5월부터 9월 사
이에 가뭄이 계속되어 수분이 부족할 때 4~5일 간격으로 관
수해 주면 효과가 크다. 토천궁은 근경 비대기에 수분이 부
족할 경우 개화기, 유식물기에 수분이 부족할 경우보다 수량
감소 정도가 크다.

○ 근경 형성 : 일천궁의 근경 형성 시기는 7월 하순에서 8월 상순이며, 근경 비대 시기는 8월 하순에서 9월 상순이다. 이 시기에 가뭄이 계속되면 수량 감소가 크므로 스프링쿨러, 헛골 물 흘러대기 등 물 주기 작업을 한다. 토천궁은 9월 상순~중순에 복토를 하여 노두가 발생되도록 하며, 일천궁은 포기 옆의 흙을 헤쳐 주어 뿌리줄기가 잘 굵도록 한다.

수확량

○ 토천궁 : 건근 400kg/10a/1년
○ 일천궁 : 건근 500kg/10a/1년

병충해 예방법과 방제

연작 연수별 병해 발생

천궁은 한곳에서 계속 재배할 경우 여러 종류의 병충해가 발생하고 수량이 줄어든다. 다음의 표를 보면 1년 재배지에서는 탄저병과 줄기썩음병이 약간 발생하였으나 2년 연작지는 탄저병과 시들음병이 다소 발생하였고, 응애류도 발생하였으며, 3년 이상 연작 재배지는 탄저병과 시들음병이 많이 발생하여 수량에 많은 영향을 주었음을 알 수 있다. 이는 연작 재배 시 당년에 발병하는 병균들이 토양에서 월동하여 후작물에까지 많이 발병한 것으로 판단된다. 연작 재배 시에는 6개월 전에 충분히 발효된 퇴비를 넣어 토양이 안정된 상태에서 재배해야 한다.

〈연작 연수별 병해충 발생 정도〉

구분	1년 재배지	2년 연작	3년 연작	5년 이상
탄저병	1	3	9	9
시들음병	0	3	7	3
줄기썩음병	1	1	3	3
점박이응애	0	1	3	3

*주 : 0(발병 없음), 1(소), 3(중), 5(다), 7 이상(심함)

○ 토양선충 : 토양 선충은 땅속에 살면서 천궁 뿌리를 가해하는 실같이 생긴, 눈에 잘 보이지 않는 아주 작은 벌레로, 이어짓기할 경우 피해가 많다. 뿌리혹선충은 1년 재배지에서는 생육기보다 수확기 때 400배 가까이 증식하여 피해를 주고 참선충은 3년 연작지와 5년 이상 연작지에서 많이 발생하며, 특히 오랫동안 일천궁을 재배한 울릉도 지방에서는 침선충의 발생량도 많아 지상부의 생육이 현저히 억제될 정도로 그 피해가 심했다. 연작지에는 충분한 발효 퇴비를 가을에 넣고 봄에 정식하는 것이 선충의 피해를 줄이는 방법이다.

● 일천궁의 종합적인 방제 체계

일천궁 재배 시 가장 문제가 되는 병충해는 뿌리를 가해하는 해충으로 이를 방제하기가 매우 어려우므로 체계적인 방제를 해야 한다. 먼저 전년도 재배작물에 병해충의 발생이 많았다면 가을에 수확 후 깊이갈이를 2~3회 정도 실시하여 발효 퇴비를 넣어 토양이 안정되게 하거나 천궁을 재배하지 않았던 땅으로 바꾸어 재배한다.

○ 뿌리응애류 : 일천궁 재배 시 가장 피해를 많이 주는 해충이다. 증상은 5월 하순부터 6월 상순경에 지상부의 끝이 누렇게 변하며 포기 전체의 생육이 떨어지며 포기를 파 보면 뿌리가 썩어 들어가 피해가 심하다. 건전한 포기에서 종묘를 따고 발효 퇴비를 이용한다.

○ 응애 : 6월 하순부터 발생하기 시작하여 장마기에 큰 피해를 준다. 잎 뒷면에 붙어서 가해하는데 잘 보이지 않고 아래쪽 잎부터 누렇게 변하므로 병해나 생리 장해로 오인하기 쉽다.

○ 기타 해충 · 잘 썩지 않은 퇴비를 주면 굼벵이, 고자리파리 등이 발생하여 뿌리가 썩기 쉽다. 따라서 잘 썩은 퇴비를 사용하도록 하고 심기 전에 반드시 토양 살충제를 살포해 주

는 것이 좋다. 태풍이 지나가고 나면 반드시 해충이 발생하므로 포장을 주의 깊게 살펴 자벌레, 나방류가 발생하면 즉시 방제한다.

○ 잎마름병 : 6월 하순부터 장마기에 물빠짐이 좋지 않은 곳에서 많이 발생하므로 물이 잘 빠지도록 배수구를 정비해 주고 7월부터 8월 초순 사이에 2회 정도 4-4식 석회보르도액을 뿌려 준다. 이때 반드시 석회보르도액은 사용 전, 후 15일 이내에는 다른 약제를 살포하면 약해 우려가 있으므로 주의한다.

○ 불맞은병(붉대병) : 장마가 끝나고 가뭄이 계속되어 가뭄의 피해를 받았을 때 나타나는 병이다. 가뭄 시 물을 뿌려 주거나 이랑에 물을 흘러대기 한다.

○ 일천궁에 발생하는 병해충의 종류 : 일천궁 조사 지역의 지상

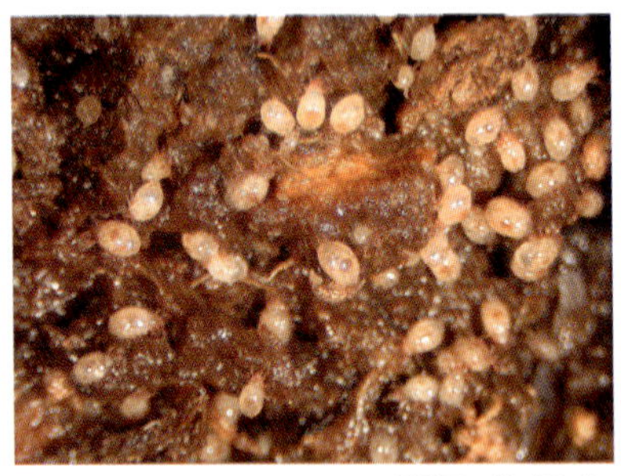

일천궁_ 뿌리응애

일천궁_ 응애(잎 뒷면)

일천궁_ 잎마름병

일천궁_ 뿌리혹선충

구분		병해충명	발생 시기
지상부	해충	파총채벌레	6~7월
		당귀애기잎말이나방	6~7월
		사탕무우들명나방	7~8월
		산호랑나비	7월
		차응애	7~9월
		점박이응애	7~9월
		홍줄노린재	7~9월
		버들쌍꼬리진딧물	7~9월
	병해	마이코플라스마	6월
		탄저병	6~9월
		갈색무늬병	7~9월
		잎마름병	6~9월
		점무늬병	6~9월
		줄기썩음병	7~9월
		자주날개무늬병	8월
		흰가루병	8~9월
지하부	해충	표주박바구미	6~7월
		방아벌레	7월
		풍뎅이	7~8월
		거세미나방	7~8월
		뿌리응애	6~8월
		혹파리	7~8월
	선충(8종)	잎선충, 둥근꼬리선충, 환선충, 나선선충, 뿌리혹선충, 침선충, 참선충, 왜화선충	

부에 발생하는 해충은 파총채벌레 등 8종인데, 발생 시기는 해충의 종류에 따라 6월부터 9월까지 발생되며 주로 유충에 의한 피해가 많다. 지상부에 발생하는 병은 마이코플라스마 등 8종이 발생되며 6월부터 발생되기 시작하여 9월까지 계속 발생된다. 지하부에 발생하는 해충은 표주박바구미 등 6

종으로 주로 뿌리 부분을 가해하며 굼벵이는 생육 초기에 종
근을 가해함으로써 생장을 억제하고, 지하부에 발생하는 선
충은 잎선충 등 8종의 선충이 발생된다.

◆ 지상부 병해 발생 양상

○ 탄저병 : 6월 하순부터 방생되기 시작하며 9월 중순까지 점
차적으로 증가한다. 탄저병의 발생 양상은 초기에는 주로 잎
의 가장자리에 갈색의 부정형의 병반이 형성되며 심한 경우
에는 줄기로 발생되어 포기 전체가 말라죽고 특히 장마 후
발생이 심하다.

○ 줄기썩음병 : 연작지에서 6월 하순부터 발생되기 시작하여 9
월 중순까지 점차적으로 증가한다. 줄기썩음병의 증상은 잎
이 마르면서 줄기가 썩고 지상부가 누렇게 변하며 심한 경우
는 포기 전체가 고사한다. 장마 이후 발생률이 증가하는 경
향이고 고온 다습 시 발생되는 것으로 보이며 줄기썩음병은
장마 전 7월 중순에 방제하는 것이 효과적이다.

○ 잎마름병 : 연작지나 비연작지 모두 6월 하순부터 발병되기
시작하며 시기가 경과할수록 점차적으로 증가한다. 초기 증
상은 탄저병과 비슷하며 처음에는 잎줄기에 작은 반점이 나

일천궁_ 흰가루병

일천궁_ 잎마름병

타나고 장마 후 심한 경우에는 잎 전체가 말라 지하부에서 새로운 싹이 나온다. 잎마름병의 방제 적기는 6월 중순으로 생각되며 그 이후에도 고온 다습 조건이 계속될 시 추후 방제하는 것이 효과적이다.

- 점무늬병 : 비연작지가 6월 하순부터 발생되기 시작하여 7월 하순 이후 발병률이 급속히 증가한다. 증상은 잎마름병과 비슷하며 잎에 갈색의 부정형에 점무늬가 발생하여 심한 경우에는 잎 전체가 누렇게 변한다. 점무늬병의 방제 적기는 6월 중순으로 방제를 소홀히 할 경우 피해가 심하다.
- 흰가루병 : 장마기 이후 발생되며 증상은 잎 표면에 흰 가루를 뿌려 놓은 것과 같으며 심한 경우에는 잎 전체가 희게 되며 연작지는 8월 중순에 발병하여 9월 중순까지 점차적으로 증가하고 그 이후에도 계속 발병된다.

🌢 지상부 충해 발생 양상

- 진딧물 : 지상부에 발생하는 해충으로는 주로 진딧물, 응애가 있다. 진딧물의 발생 양상은 연작지의 경우 7월 상순부터 발생되기 시작하여 8월 상순에는 발생이 없다가 8월 하순에 다시 발생되기 시작하여 9월 중순까지 계속 발생되며 밀도가 점차적으로 증가하는 경향이다. 비연작지는 7월 하순부터 발생되기 시작하여 8월에 발생이 없었으며 9월에 다시 발생되는데 8월 상순에 발생되지 않았던 것은 농가에서 약제를 살포하였기 때문으로 생각된다. 따라서 진딧물의 방제 적기는 진딧물 발생 초기인 7월 상순이며 방제가 소홀할 때 밀도가 증가하여 후기에도 피해를 줄 수 있으므로 생육 중기에 예찰하여 2~3마리 발생할 때 한 번 더 방제하는 것이 좋다.
- 응애 : 8월 상순부터 9월 중순까지 발생된다 발생하는 응애의 종류는 점박이응애와 차응애이다. 연작지는 8월 중순부터 발생되어 점차적으로 증가하는 경향이고 비연작지는 7월

하순부터 발생되기 시작하여 8월 하순에 증가하다가 이후에 점차적으로 줄어든다. 8월 하순의 밀도는 비연작지가 연작지보다 높고 이는 방제를 소홀히 한 필지에서 밀도가 증가하였으나 방제를 하지 않았기 때문이라 생각된다. 발생 양상은 주로 잎 뒷면에 흡즙하여 잎이 퇴색되었으며 심한 경우는 포기 전체의 생장을 저해한다. 일천궁의 응애 초기 방제 적기는 7월 중순으로 생각되며 방제를 소홀히 할 경우 점차적으로 밀도가 증가되어 피해가 늘어난다.

〈일천궁 병해충 간이 식별표 – 충해〉

충명	피해 증상	생태 요인
뿌리혹선충	잔뿌리에 둥근 혹을 만들어 영양분 섭취	4월 중순~하순부터 활동
고자리파리	뿌리와 줄기를 갉아먹어 잎이 황색으로 변하고 피해 포기는 근경 부위까지 쉽게 뽑아진다. 이 유충은 부패균을 옮겨 직·간접적으로 피해를 준다.	연 4회 발생(4, 5, 7, 8월) 활발한 활동 시간 : 오후 2~4시
응애류	잎의 앞뒷면에서 유충, 성충이 흡즙하여 엽록소를 잃어 처음엔 흰점이 생기다가 심하면 낙엽이 되어 떨어진다.	연 8~10회 발생
뿌리응애	근경이 썩거나 잎끝이 마른다. 저장 중에도 발생한다.	
천궁 바구미	성충 : 잎, 줄기 식해 / 유충 : 근경의 잔뿌리를 식해하여 지상부 고사	
당귀길쭉바구미	유충은 대궁 속으로 파먹어 들어가고 성충은 잎이나 순을 가해한다.	
애기잎말이나방	유충이 잎자루 밑부분 틈새로부터 대궁 속으로 파고 들어간다.	
풍뎅이	지하부를 가해하고 상품 가치를 떨어뜨린다.	
나방류	박쥐나방 유충 : 줄기를 파고 들어가 피해를 준다. 산호랑나비 : 유충이 가해	

〈일천궁 병해충 간이 식별표 – 병해〉

병명	병징	발병 원인
마이코플라스마병 (빗자루병)	위축, 황화, 총생하며 건전주가 감염 시 당년에는 관찰이 어렵고 다음 해에 종근으로 사용할 때 심한 피해를 입는다.	미생물, 매개충 (오대산매미충)
잎마름병	잎에 갈색의 타원형 또는 부정형 병 무늬가 형성된다. 진전되면 잎 주위가 회색 또는 연한 암갈색으로 변하고 병 무늬 주위는 연한 황색이 된다. 심하면 잎 전체가 갈색으로 변하여 마르고 병든 포기가 말라죽기도 한다.	균
자주날개무늬병	잎끝이 누렇게 마르면서 쇠약, 땅과 맞닿은 지제 부위와 뿌리에는 갈색의 균사체가 자라서 엉겨 붙게 된다.	균
탄저병	잎 가장자리부터 갈색의 부정형으로 말라 들어가며 병 무늬 주위는 크게 황색으로 변한다. 줄기에서는 갈색 또는 암갈색의 병 무늬가 형성되며 병든 부위의 줄기는 물러서 부러지기 쉽다.	균
줄기썩음병	줄기가 썩고 지상부위가 누렇게 시들며 심하면 포기 전체가 마른다.	
흰가루병	잎, 엽초, 줄기 등의 표면에 백색 견사상의 반점이 생겨 이것이 점차 확대되어 원형 또는 타원형이 되며 그 표면은 밀가루를 뿌린 것 같다.	
시들음병	초기에 푸른 채로 시들며 옆으로 비스듬히 쓰러지는 경우가 많다. 지제 부위는 갈색 또는 흑색으로 변색되어 썩으며 병이 심하면 누렇게 변색되어 말라죽는다.	균
근부병	뿌리의 껍질부가 검게 변하여 마른 상태로 썩거나 뿌리 속이 누렇게 썩는 경우도 있으며 지제부에도 감염된다.	균
불맞은병		가뭄 피해 시

🜄 **종근 저장** : 종근 저장 방법은 일반적으로 자루에 넣은 후 땅에 매몰하거나 햇볕과 비를 맞지 않는 곳에 그내로 둔나. 가급적 따뜻한 실내는 피하는 것이 좋다.

천마 *Gastrodia elata* Blume

- **식물명** : 천마(天麻)
- **학명** : *Gastrodia elata* Blume
- **과명** : 난초과(Orchidaceae)
- **별명**(이명, 속명) : 수자해좃, 적전(赤箭), 석전(石箭), 신초(神草), 명천마(明天麻)
- **생약명** : 천마(天麻)
- **분포지** : 부식질이 많은 산지의 숲속
- **번식법** : 종자 번식, 뽕나무버섯과 공생
- **꽃 피는 시기** : 6~7월
- **채취 시기** : 11월~이듬해 4월
- **용도** : 약용(땅속 덩이줄기), 식용
- **약용** : 고혈압, 뇌졸중, 불면증, 백혈병, 간경화증, 암, 두통, 강장, 진정, 신경 쇠약

🌿 식물의 생김새와 특징

뽕나무버섯균과 공생하는 반
기생 식물이다. 『대한약전』에
의하면 '난초과의 다년생 초
본인 천마의 덩이줄기'를 기
원으로 하며, 자생지는 중국,
우리나라, 일본이다. 부식질이
많은 계곡의 숲속에서 자라는
데 키가 60~100cm 정도이며
줄기와 잎은 퇴화되었고 뿌리
만 이용할 수 있다. 긴 타원형
의 덩이줄기가 약재로 쓰이는
부분인데 길이 10~18cm, 지름
3.5cm 정도로 뚜렷하지 않은
테가 있다. 붉은 갈색의 줄기
는 듬성듬성 잎이 나 있다. 잎

천마_ 꽃

의 밑부분은 줄기를 둘러싼다. 더벅머리 총각의 생식기를 닮았다
고 하여 '수자해좆'이라는 민망한 이름이 유래된 천마는 어지럼증
과 풍기(風氣)를 다스리는 데 특별한 효험이 있다.

꽃은 황갈색으로 6~7월에 피고 외화피(화피, 꽃덮이) 3개는 합쳐
져 있어 찌그러진 공같이 보이고 윗부분이 3개로 갈라지고 안쪽
에 2개의 내화피가 달려 있어 5개처럼 보인다. 열매는 삭과로 달
걀을 거꾸로 세운 모양이다.

🌿 재배법

우리나라 전국의 산야에서 재배되지만 생육에 적합한 재배지는
해발 400~800m의 산지이면서 경사도가 30° 미만에다가 여름철
의 온도가 낮고 습기가 많으며 겨울에는 춥지 않은 환경에서 잘 자

란다. 만약 여름철에 온도가 높고 지형이 험한 곳에서는 생장이 억제되므로 재배에 불리하다. 햇빛은 생육에 큰 영향은 없으나 지온의 상승을 억제하기 위해 약간 차광이 필요하다. 천마는 10~12℃에서 생육이 시작되고 20~25℃에서 생장이 왕성하며, 5℃ 이상에서 정상적인 월동이 되는데, 2℃ 이하가 되면 휴면에 들어가게 된다. 습도는 평균 70~80%가 유지되고, 토양 수분은 건토(乾土) 중 40~45%가 유지되는 곳이 좋다.

또한 부식질과 유기물이 풍부하게 함유되고 수분 함량도 적합한 토양이 생육에 적합하다. 습기가 잘 유지되면서 배수가 잘 되는 사질 양토로서 pH 5.0~5.5인 약산성 토양에서 잘 자란다. 아울러 가뭄이 들 때에는 관수가 가능한 곳이 좋다.

우리나라에서는 인천과 경기도 안성, 연천, 강원도 영월, 충북 청주, 제천, 진천, 충남 공주, 청원, 전북 무주, 임실, 장수 등지에서 재배된다.

천마_ 성장 과정

- **품종** : 재배되는 천마의 품종에는 홍간천마(*G. elata* BI. f. *eiata*), 오간천마(*G. elata* BI. f. *glauco. s. chow f. now*), 선간천마(*G. elata* BI. f. *virids. Mak.*) 등이 있다. 홍간천마(홍천마)의 괴경은 타원주형이고 담황색이며 줄기대는 등홍색, 꽃은 황색, 열매는 달걀형이다. 덩이줄기의 함수량이 크고 건조 수율은 18~20% 정도이다. 오간천마의 괴경은 타원형 또는 달걀형이고 연한 황색이며 줄기는 회종색, 꽃은 담녹색이다. 덩이줄기의 함수량이 낮아 건조 수율은 29~33%이며 상품성이 좋다. 선간천마(청천마)의 괴경은 거꾸로 선 원추형이고 물고기 비늘편이 발달하였으며 줄기대는 초록색 또는 남녹색이고 열매는 달걀형이다. 덩이줄기의 건조 수율은 25%이며 재배적 특성이 가장 우수하다.

- **번식** : 공생균인 뽕나무버섯균과의 접촉이 있어야 생장이 가능하기 때문에 재배용 원목에 뽕나무버섯균을 접종하여 균사가 자란 후에 뽕나무버섯균과 공생할 수 있도록 해 주어야 한다.

천마_꽃대

● **종균의 배양 및 증식** : 뽕나무버섯균은 자실체(子實體)나 버섯자루의 조직에서 채취한다. 보통 버섯자루의 내부 오염이 적은 부위에서 채취, 소독한다. 맥아배지(麥芽培地)에서 채취한 균을 접종하여 25±2℃ 범위에서 20~30일 동안 배양한 것을 원균으로 이용한다. 뽕나무버섯균의 증식은 톱밥 배지에서 한다. 톱밥배지는 참나무톱밥과 느티나무톱밥을 1 : 1의 비율로 혼합하여 수분이 완전히 배도록 물에 담갔다가 꺼내어 수분이 55~60%가 되게 조절한 후 쌀겨 10~20%를 혼합하여 만든다. 이렇게 만들어진 배지는 즉시 500mL 링거 병 같은 것에 담아 뚜껑을 만든다. 이때 공기가 들어가도록 하여 고압 살균기에 넣고 살균하여 식힌 후 균을 접종하여 25±2℃의 암(暗) 조건에서 60일간 배양하여 원목(골목 또는 순목) 접종용으로 쓴다.

● **원목 준비** : 원목으로는 수피가 두꺼운 상수리나무, 참나무류(물참나무, 떡갈나무, 신갈나무, 밤나무 등)가 적합하다. 이 나무들은 지름 7~12cm인 것을 40~60cm의 길이로 잘라서 이용한다. 벌목은 수액의 유동이 정지된 겨울(12~3월)에 실시하여 반음지에서 보관하며 수분 함량이 40~45%가 될 때 뽕나무버섯균을 접종한다. 원목에 수분 함량이 과다하면 수피가 벗겨지므로 잘 건조시켜야 한다. 또 너무 마르면 균사의 생장을 저해하므로 물에 담가서 수분을 보충한 후에 균을 접종하도록 한다.

● **원목 종균 접종** : 원목의 지름이 큰 것은 7cm 간격으로, 작은 것은 10cm 간격으로 하여 지름 1.2cm의 크기로 깊이 2~3cm의 구멍을 음지에서 뚫고 종균을 채운 후 스티로폼 같은 것으로 밀봉한다. 자른 면에는 종균의 크기를 30~50g 정도로 분리하여 부착시킨 후 묻는다.

● **원목 묻기** : 종균 접종이 끝난 원목은 땅속 25~30cm 깊이로 파서 묻고 그 위에 낙엽(활엽수)을 깔아 준다. 원목은 원목 사이를

10cm 정도 피복한 후 지표면에서부터 10cm 정도 밑에 위치하도록 한다. 접종한 원목이 수분을 유지할 수 있도록 해 주고 창고나 음지의 경우 20~25℃를 유지하면 5~7개월이 지난 후에 원목에 균사가 발생하는데 이때 땅에 묻어도 된다.

- **자마의 이식** : 자마는 상처가 없도록 주의해서 캐내고 마르지 않도록 즉시 심는 것이 좋으므로 이식할 때 채취하는 것이 좋다. 자마의 크기는 클수록 수량이 증가하는 편이지만 5g 이상인 것은 자마를 구입하는 비용이 많이 들어가므로 1~4g 정도가 적당하다. 자마는 종균 접종 골목(원목)에서 균사속이 10cm 정도로 1~3개가 출현하는 4~5월에 이식하고, 가을에 이식할 때는 10~11월 땅이 얼기 전에 한다. 이식 거리는 묻은 골목 사이에 한 줄로 10cm 간격으로 심거나 골목 가까이 어긋나게 두 줄로 15cm 간격으로 심는다. 그러나 자마의 가격을 따져 보면 한 줄로, 10cm 간격으로 심는 것이 경제적이다.

  ○ 자마 심는 깊이 : 자마를 심고 난 후 흙으로 덮고 그 위에 낙엽을 3cm 정도가 되게 깔고 바람에 낙엽이 날아가지 않을 정도로 흙을 덮어 주는 작업을 반복한다. 해발 400m 이상의 음지인 산간 지역의 고랭지에서는 심는 깊이를 10~15cm 정도가 되도록 하며 그 이하의 지역은 15~20cm 깊이가 되도록 덮어 준다.

- **주요 관리법** : 재배하면서 낙엽 피복을 해 주는 것은 토양의 수분 유지를 양호하게 해 주고 여름 한더위에 지온이 28℃ 이상 올라가는 것을 방지하는 차원이다. 또한 낙엽 피복은 월동기에 동해(凍害)를 방지하여 뽕나무 균사와 자마의 발육에 지장이 없도록 해 준다. 이때 낙엽은 활엽수 80%에 침엽수를 20% 혼합하여 쓰거나 활엽수만을 쓰는데, 5cm 정도의 두께로 피복한다. 천마는 5월 이전에는 생육도 저조하고 수분 요구도 크지 않으나 6~9월 중

순에는 생육이 왕성한 시기로서 건조해지기 쉽고 수분 요구가 많다. 따라서 가뭄이 드는 시기에는 충분히 관수해 주되 9월 하순 이후에는 극심한 가뭄이 오지 않는 한 그대로 둔다.

○ 차광망 설치 : 재배지가 나무 속 그늘이 아니고 노지(露地)일 경우 지온의 상승을 억제하기 위하여 5~9월에 50~70%의 차광망을 씌워 주어야 하는데, 차광망은 높이 1.5~2.0m로 설치한다. 해발 고도가 낮은 지역에는 반드시 차광망을 설치해 주어야 기온을 낮출 수 있다.

○ 제초 : 잡초가 발생하면 어릴 때 뽑아 주거나 예취하여 덮어 준다. 이때 잘못하여 자구(子球)를 심은 곳을 밟거나 속의 흙을 건드리면 뽕나무 균사나 천마에 상해를 주게 되므로 작업에 주의를 요한다.

● **수확 및 가공** : 가을(11월)부터 이듬해 봄(4월) 사이에 덩이줄기를 채취하며 뜨거운 물에 쪄서 말려 사용한다. 특히 천마는 11월 상순~3월 하순에 수확하는 것이 영양분 축적이 많아서 좋다. 자마의 크기가 10g 미만의 것을 심을 때에는 1년 6개월이 지난 후부터 3년에 걸쳐 수확한다.

○ 자마와 성마 : 새끼 뿌리(자마)와 다 자란 뿌리(성마)로 구분되며 성마의 경우 꽃대가 생겨 있어 구분이 가능하다. 5~6월에 꽃대가 올라오는 것을 볼 수 있는데 이것을 그대로 두면 땅속 덩이줄기의 양분을 소모시켜 쇠약해져서 덩이줄기가 썩기 쉽다. 그러므로 꽃대가 올라오는 것을 보는 즉시 제거해 준다.

○ 천마 건조 : 수확한 천마는 중량별로 등급을 정하는데 1등품(150g 이상), 2등품(75~150g), 3등품(50~75g) 등으로 구분하고 50g 이하인 것은 등외품으로 분류한다. 수확한 천마는 물에 깨끗이 씻어서 이물질을 제거하고 끓는 물에 쪄서 말

리는데, 등급에 따라서 1등급은 10~15분, 2등급은 7~10분, 3등급은 5~8분, 등외품은 5분간 쪄서 말린다. 건조는 햇볕에 하거나 대량으로 할 때는 건조기에 말리는데 건조기에서 건조할 때는 60℃ 이하로 온도를 조절하여 고온으로 인한 변색을 막아야 한다. 일반적으로 건조 수율은 25% 정도이다. 건조가 완전히 끝난 천마는 습기가 들어가지 않도록 등급별로 나누어 비닐로 밀폐하여 저온에서 보관한다.

◉ **수확량** : 600~900kg/10a/2년

🌿 병충해 예방법과 방제

재배하면서 크게 문제가 되는 병해충은 없다. 하지만 간혹 굼벵이가 땅속 천마의 덩이줄기를 갉아먹거나 잡균(雜菌)이 뽕나무균사속과 천마의 덩이줄기를 썩게 하는 경우가 있다. 방제로는 물빠짐이 잘 되도록 하고, 습기 유지가 잘 되는 피복물을 덮어 주면 된다. 또한 온도를 25℃ 이하로 낮추도록 하며, 좋은 종균과 골목을 사용해야 한다.

층층갈고리둥굴레(황정)

Polygonatum sibiricum F. Delaroche

- **식물명** : 층층갈고리둥굴레
- **학명** : 층층갈고리둥굴레(*Polygonatum sibiricum* F. Delaroche),
  진황정(*Polygonatum falcatum* A. Gray)
- **과명** : 백합과(Liliaceae)
- **별명(이명, 속명)** : 괴불꽃, 여위(女萎), 오위(烏萎), 위향(萎香),
  산생강(山生薑), 토죽(菟竹), 마전(馬箭)
- **생약명** : 황정(黃精)
- **분포지** : 전국 각지
- **번식법** : 이른 봄 또는 늦가을 삽목, 이식
- **꽃 피는 시기** : 6~7월
- **채취 시기** : 초겨울이나 이른 봄
- **용도** : 약용, 식용
- **약용** : 당뇨병, 신경쇠약, 폐결핵, 마른기침, 강심 작용, 자양 강장

🌿 식물의 생김새와 특징

『대한약전』에 따르면 백합과의 다년생 초본인 진황정(*Polygonatum falcatum* A. Gray), 층층갈고리둥굴레(*Polygonatum sibiricum* Redoute) 또는 전황정(*Polygonatum kingianum* Coll. et Hemsley)의 뿌리 줄기를 그대로 또는 외피를 벗겨 찐 것을 기원으로 한다고 기재 되어 있어서 옥죽(玉竹) 또는 위유(萎蕤)의 기원으로 하는 둥굴레 (*Polygonatum odoratum* Ohni)와는 구분을 해야 한다.

진황정은 우리나라 각지의 산과 들의 숲 가장자리에서 자라는 백합과의 다년생초본으로 키는 50~80cm이며 끝이 옆으로 비스

층층갈고리둥굴레_ 잎과 줄기

층층갈고리둥굴레_ 꽃

층층갈고리둥굴레_ 꽃봉오리

듬하게 자란다. 줄기에 6개의 능각이 있으며 끝은 비스듬하게 처진다. 잎은 어긋나기를 하여 2줄로 배열되며 피침형 또는 좁은 피침형이고 길이 8~13cm, 너비 10~25mm로서 밑부분이 좁아져 원줄기에 달리며 끝이 점차 좁아지고 표면은 녹색, 뒷면은 분백색(粉白色)이며 잎맥 위에 약간 돌기가 있다.

꽃은 푸른색이 도는 흰색으로 5월에 피고 3~5개, 때로는 1개가 잎겨드랑이에 산형 또는 산방형으로 달리며 길이 2cm 정도로 통형(筒形)이다. 열매는 검은빛을 띤 녹색으로 밑으로 처지며 9~10월에 둥근 모양으로 검게 익는다.

층층갈고리둥굴레는 다년생 초본으로서 키는 30~90cm(영양 상태에 따라 훨씬 더 크기도 함)이고 굵은 근경이 옆으로 뻗으면서 번

층층갈고리둥굴레_ 생육 모습(출현기)

층층갈고리둥굴레_ 종묘(근경)

식한다. 잎은 3~5개가 돌려나기(윤생)를 하고 좁은 피침형 또는 선형이고 큰 것은 길이가 11cm, 너비 5mm이지만 보통은 길이 5~11cm, 너비 5~10mm로서 표면은 녹색, 뒷면은 분백색이며 양 끝이 좁고 밑부분이 점점 좁아져서 직접 원줄기에 달린다. 꽃은 6월에 피며 연한 황색으로 잎겨드랑이에 윤상으로 달리고 짧은 꽃 자루에 2개의 꽃이 밑을 향해 달리는데 소포는 각각 2개씩이다. 장과(漿果)는 흑색으로 익는다.

☘ 재배법

추위에 강하며 우리나라 거의 전역에서 재배가 가능하며 어떤 토 양에서도 적응을 잘 하나 다습한 곳을 좋아한다. 또한 비옥한 사 질 양토가 좋으나 점질 양토에서도 비교적 잘 자란다. 증식 속도 가 비교적 빠르므로 2~3년에 한 번은 포기나누기를 겸해 갈아 심 어 줄 필요가 있다.

10월부터 다음 해 3월에 지상부가 황색으로 마르기 시작하는데 이때 뿌리줄기를 캐내 물에 잘 씻고 잔뿌리를 제거한 후 쪄내어 건조한 것을 약용으로 쓴다.

◈ **번식 방법** : 실생 번식과 근경 번식법을 모두 할 수 있으나 주로 근경 번식을 한다.

　○ 근경 번식 : 근경 번식은 땅을 깊이 갈아서 퇴비, 유박, 계 분 등을 기비로 주고 잘 섞은 다음 너비 90cm, 높이 15cm 로 두둑을 만든다. 고랑 간격을 25~30cm정도, 포기 사이는 10~15cm로 하여 3~5cm 깊이로 심는다. 눈이 충실하고 잔뿌 리가 많은 근경을 골라 6~7cm로 잘라 심는다. 충실한 눈이 붙은 것은 이듬해 바로 발아가 되나 눈이 부실하거나 없는 것 은 1~2년 정도 지나서 발아가 이루어진다.

◈ **시비 방법** : 다비성(多肥性) 숙근초(宿根草)로서 본밭에는 두둑을

만들기 전 완숙 퇴비 3,000kg 이상, 복합 비료(18-18-18) 100kg 을 넣고 전층 시비가 되도록 하며, 정식 후에는 왕겨나 톱밥으로 덮어 주어 건조를 방지하고 잡초 발생을 억제한다. 그러나 복합 비료의 시비 문제에 대해서는 검토해 볼 필요성이 있다. 특히 한 번 심어 놓으면 다년간 생육을 하는 식물의 특성상 매년 웃거름 으로 복합 비료를 시용하는 기존의 방법은 토양 내 염류의 집적 이라는 측면에서는 한 번 고려해 볼 필요가 있다.

- **수확 및 관리** : 정식한 후 3~5년째의 초겨울(11~12월)에서 이른 봄 사이 수확을 하고 있으나 한약재로 사용할 것은 최소한 3년 이상 된 것으로서 초겨울에 수확하는 것이 좋다. 초겨울에 수확 하는데 뿌리가 많이 엉켜 있으므로 포크레인이나 삼발 포크를 특별히 제조하여 캔다. 캔 후 줄기(지상부)와 잔뿌리를 제거하고 물에 세척하여 가공용 내지 약용으로 사용한다. 약용은 세척 후 뿌리를 쪄서(80℃에서 30분 정도) 건조한 후에 이용된다.

🌿 병충해 예방법과 방제

- **병해** : 병해로는 탄저병, 흰가루병, 뿌리썩음병 등의 피해가 심 하다. 탄저병은 6~8월 사이에 많이 발생한다. 프로피 수화제나 벤레이트 등으로 방제가 잘 되나 등록 고시되지 않았다.

- **기타** : 재배 시에 주의할 것은 두더지의 피해이다. 두더지는 처 음 발견된 곳에서 잡아야 한다. 그렇지 않으면 온 밭으로 헤집 고 다니며 좋은 뿌리만 골라 가며 먹는데 그 피해가 무척 심하 다. 나프탈렌을 두더지가 다니는 곳부터 시작하여 둘레에 50cm 간격으로 하나씩 땅속 10~20cm에 묻어 두면 딴 곳으로 간다. 그러나 무엇보다도 잡아 주는 것이 제일 좋은 방법이다. 두더지 는 해가 뜰 때, 점심 때, 저녁 해가 질 때 활동하므로 그때 잡아 서 작물의 피해가 없도록 한다.

택사
Alisma canaliculatum All. Br. et Bouché

- **식물명** : 택사
- **학명** : 택사(*Alisma canaliculatum* All. Br. et Bouché),
  질경이택사[*A. orientale* (Sam.) Juz.]
- **과명** : 택사과(Alismataceae)
- **별명**(이명, 속명) : 쇠태나물, 택지(澤芝), 수사(水瀉), 망우(芒芋)
- **생약명** : 택사(澤瀉)
- **분포지** : 전국 각지의 논이나 도랑의 습지
- **번식법** : 3월 하순~4월 하순 파종
- **꽃 피는 시기** : 7~9월
- **채취 시기** : 늦가을
- **용도** : 약용
- **약용** : 이뇨제, 부종, 각기, 당뇨, 현기증, 종양, 구갈, 음습(陰濕)

우리나라, 일본, 중국 등지에 분포하며, 우리나라에서는 제주, 울릉도, 황해도, 평안 북도 등 거의 한반도 전역의 연못이나 늪에 주로 야생한다. 다년생 초본의 습생 식물로 덩이줄기가 공 모양이며 수염뿌리가 많다.

특히 경북의 상주, 의성, 영천 지역, 전북의 남원, 부안 지역, 전남의 광양, 구례, 신안, 순천, 여수, 여천 지방 등 주로 남부 지방에서 많이 재배하고 강원도 등에서도 재배하고 있었으나 최근에는 전남 순천과 여수 지방을 제외하고는 재배하는 곳이 매우 드물다.

온난하고 습윤한 기후에 적합한 택사는 주로 연못이나 늪에 야

택사_ 꽃

택사_ 꽃대

택사_ 잎

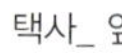

택사_ 덩이뿌리

생하고 있으며 근래에는 일부 농가에서 재배하고 있는 실정이다.

택사는 쇠태나물이라고도 하며 잎은 뿌리에서 모여 나는 근생엽이고 잎자루는 밑부분이 넓어져 서로 감싸고 있으며 길이는 택사가 15~20cm, 질경이택사는 30cm 내외이다. 잎몸은 피침형 또는 광피침형이며 보통 양끝이 좁고 밑부분이 아래로 흐르며 가장자리가 밋밋하다. 5~7개의 맥이 평행으로 달리고 잎자루는 길이 15~20cm이다.

꽃은 7~9월에 흰색으로 돌려난다. 꽃이삭은 잎 사이에서 나와서 1m 정도로 자라고, 가지가 갈라지며 마디에 꽃이 돌려붙지만 전체적으로는 원추꽃차례로 된다. 꽃잎은 3개이고 달걀을 거꾸로 세워 놓은 둥근 모양이며 밑부분은 노란색이다. 꽃대는 길이 70~80cm 내외이고 많은 꽃이 돌려나서 여러 개의 층을 이루는 윤생 총상화서로서 여기에 흰 꽃이 피는데, 택사는 꽃대가 잎 중앙부에서 올라오는 반면, 질경이택사는 잎 사이에서 여러 개가 올라온다.

열매는 수과(瘦果)로서 납작하고 뒷면에 1개의 골이 있으며 바퀴 모양으로 늘어선다. 택사는 약재로 쓰기 위해 재배하며, 꽃이 필 때 채취한 괴경(덩이줄기)을 깨끗이 씻어 말린 것을 한약재로 이용하는데 이뇨제, 수종, 임질에 효험이 있는 것으로 알려졌다.

🌿 재배법

온난하고 습윤한 기후에 적합한 식물이다. 그러나 우리나라 거의 전역에서 재배가 가능하며 주로 중북부 지방에서는 단작 재배가, 남부 지역에서는 벼 뒷그루 재배가 가능한데 수량 면에서는 큰 차이가 없다. 실제로 전남 순천, 여수 일대에서 이모작으로 주로 재배하고 있는 셈이다.

물을 마음대로 조절할 수 있는 양토나 식양토의 비옥한 논에서 재배하는 것이 좋다. 그러나 너무 비옥한 토양에서는 경엽의 생육

택사_ 재배 (논)

만 무성하고 덩이줄기의 비대가 잘 되지 않아서 피하는 것이 좋다. 또한 물빠짐이 좋지 않은 곳에서는 수확 작업에 많은 노력이 들고 불편하므로 피한다.

- **품종** : 육성 보급된 품종이 없으며 모두 재래종이 재배되고 있다. 재배되고 있는 속은 택사(*Alisma canaliculatum* All. Br. et Bouché)와 질경이택사[*A. orientale* (Sam.) Juz.]로 분류된다. 일반적으로 뿌리의 모양이 둥근 것을 율택(栗澤, 택사), 굴곡이 많은 것을 안택(鞍澤, 질경이택사)이라고 구분하기도 한다. 안택은 꽃대가 여러 개 올라오므로 꽃대를 제거해 주는 데 노력이 많이 들고, 뿌리에서 새끼를 많이 칠 뿐만 아니라 뿌리줄기의 비대도 율택(택사)보다 못하며, 굴곡 때문에 가공하는 데도 노력이 많이 들어가므로 질경이택사(안택)보다는 택사(율택)를 재배하는 것이 유리하다.

- **번식 방법** : 종자에 의해서 번식하므로 실생법으로 종자를 파종하여 육묘 이식 재배를 한다. 육묘를 할 논은 물 대기가 좋은 비옥하고 햇볕이 잘 드는 곳을 선택한다.

- **육묘 이식 재배**
  - 묘판 만들기 : 묘판 66m²에 요소 2.9kg, 용과린 4.9kg, 염화칼리 1.7kg을 고루 뿌리고 경운 정지 후 1.0~1.2m 너비의 묘판을 만든 다음 상면이 약간 굳어진 후에 파종한다 .
  - 파종 : 중부 지방은 5월 20일경, 남부 지방은 5월 하순에서 6월 중순까지가 파종 적기이며, 벼 못자리로 사용했던 곳을 후작으로 이용할 수도 있다. 묘상은 본포 10a에 66m²(20평) 정도가 소요되며 파종할 종자량은 1L 정도가 필요하다.
  - 파종 방법 : 벼 못자리와 같이 묘판을 만들고 물을 뺀 다음 바람이 없는 이른 아침에 종자를 10배 정도의 모래와 섞어서 묘판 전면에 고르게 산파(흩어뿌림)하고, 물대기를 했을 때 종자가 뜨는 것을 방지하기 위해 모래로 약간 덮어 준다.
  - 묘상 관리 : 파종 후 2~3일 정도는 고랑에만 물을 대는 것이 좋고, 소나기가 올 염려가 있을 때는 묘상 위에 짚이나 이엉 같은 것을 덮어서 빗물에 의해 종자가 유실되는 것을 막아야 한다. 또 물을 댈 때는 물을 서서히 넣어서 종자가 뜨지 않게 주의한다. 파종 후 2주일 내외면 발아가 시작되는데 이때 물은 항상 얕게 대어 주도록 하고 비배 관리에 힘쓰면 잘 자란다.
  - 정식 시기 : 중부 지방에서는 7월 하순~8월 상순경, 남부 지방에서는 8월 상 · 중순경에 심는 것이 적기이며 이때는 묘의 엽장이 15cm 내외로 자라는데, 크게 자란 묘부터 뽑아 심는다. 조금 작은 묘도 생육이나 수량에는 큰 영향이 없다. 택사는 일찍 심는다고 수량이 많아지는 것이 아니고, 생육 기간이 짧은 작물로 7월 중하순 경에 심는 것이 수량이 가장 많다.

○ 정식 포장 준비 : 단작 재배의 경우, 정식 적기인 7월 하순까
  지 퇴비, 계분 등의 유기물을 충분히 주고 2~3회 갈아 두었
  다가 물을 담아 로터리친 다음 정식 묘를 심으면 흙이 잘 부
  식되어 생육에 알맞은 상태가 된다. 이모작재배의 경우, 벼
  뒷그루로 심을 때는 벼 수확 후 곧바로 밑거름을 충분히 주
  고 갈아 로터리 친다.

○ 시비 : 생육 기간이 짧고 다비성 식물이므로 밑거름 중심으
  로 재배해야 한다. 완숙 퇴비를 10a당 2,000kg과 질소 21kg,
  인산 10.5kg, 칼리 30kg을 밑거름으로 준 다음 갈고 서레질
  을 한다.

○ 정식 : 심을 포장에 우선 물을 대고 로터리를 친 후 평탄 작
  업을 하고 그 후 모판에서 모를 뽑아 심는데 잔뿌리가 상하
  지 않도록 주의한다. 정식 방법은 모를 심을 때처럼 줄을 띄
  어 가면서 1주 1본씩 넘어지지 않을 정도로 얕게 심는다. 깊
  이 심으면 뿌리의 발육이 좋지 않아 생육에 지장을 주므로
  얕게 심어야 한다. 심을 때는 물을 얕게 대어 모가 물속에 묻
  히거나 물에 떠오르지 않게 하고, 심을 때 쓰러진 모도 가는
  뿌리만 흙 속에 묻혀 있으면 바로 일어선다. 정식 간격은 토
  양의 비옥도와 비배 관리 상태에 따라 다른데, 대체로 줄 사
  이 20cm, 포기 사이를 25~35cm로 하여 정방형으로 줄을 맞
  추어 심는다. 보통 7~8줄을 심고 1줄을 띄어서 통로 겸 배수
  로로 이용하는 것이 관리하는 데 편리하다. 보통 조간×포기
  사이를 비옥지 '다비 재배'에서는 45×30cm로 하고, '보통재
  배(표준)'에서는 40×27cm로 한다.

◆ **주요 본밭 관리** : 정식한 후 2~3일은 물을 얕게 대어 모가 뜨지
  않도록 한다. 풀은 정식 2주일 후 큰 풀을 뽑아 주고, 자라는 상
  태를 보아가면서 2~3회 손 제초를 해 준다. 호미질을 하면 뿌
  리가 끊어져 생육이 불량해진다. 심은 원포기 옆에 다른 포기

가 자라면 제초 작업 시 풀과 함께 제거해 준다. 이것을 그대로 두면 덩이뿌리가 둥글지 않고 제대로 비대도 되지 않아 상품성이 떨어지며, 박피 작업에 노력이 많이 든다. 꽃대는 채종용을 제외하고는 대가 굳기 전 포기의 아랫부분에서 제거해 주어야 한다. 이것을 그대로 두면 꽃대로 양분이 올라가 덩이뿌리에 심(목질부)이 생겨 박피할 때 꽃대가 나왔던 부위가 단단해지므로 박피하기가 어렵다.

- **수확량** : 생으로 500~600kg/10a/1년, 건조로 150~180kg/10a/1년

병충해 예방법과 방제

- **병해** : 주요 병해로는 적고병(불맞은병)이 있다. 처음 줄기와 잎에 황갈색의 반점이 생기고 이것이 차츰 심해지면서 줄기와 잎이 말라죽는다. 발병 초기에 다이센 M-45 등의 살균제 살포로 방제가 가능하나 등록 고시되어 있지 않아 주의를 요한다. 미숙 퇴비가 원인이 되므로 완숙 퇴비를 제조하여 사용해야 한다.

- **충해** : 주요 충해로는 진딧물이 있다. 못자리 때부터 발생하기 시작하여 피해를 주는데 발생 초기에 진딧물 약을 뿌려 방제한다. 이 또한 등록 고시되어 있지 않다.

하수오

Polygonum multiflorum (Thunb.) Haraldson.

- **식물명** : 하수오(何首烏)
- **학명** : *Polygonum multiflorum* (Thunb.) Haraldson.
- **과명** : 마디풀과(Polygonaceae)
- **별명(이명, 속명)** : 교등(交藤), 야합(夜合), 수오(首烏), 지정(地精), 진지백(陳知白), 마간석(馬肝石), 홍내소(紅內消)
- **생약명** : 하수오(何首烏)
- **분포지** : 전국의 양지바른 산기슭 또는 바닷가 비탈
- **번식법** : 3월 하순~4월 초순 파종, 영양 번식
- **꽃 피는 시기** : 8~9월
- **채취 시기** : 10~11월
- **용도** : 약용, 식용
- **약용** : 자양 강장, 보혈 강장, 정력 증강, 신경통 완화, 변비

『대한약전외 한약규격집』에 따르면 마디풀과(Polygonaceae)에 속하는 덩굴성 다년생 초본인 하수오(*Pleuropterus multiflorus* Turcz.)의 덩이뿌리(塊根, 괴근)라고 수재하고 있으나 이 책에서는 국생종의 학명을 따라 기재한다. 생약명은 하수오(何首烏)라고 하여 자양 강장, 보혈 강장, 정력 증강에 강력한 효과가 있는 생약재로 사용한다. 특히 그동안 시중에 나와 있는 상당수의 서적에서 하수오의 학명을 '*Polygonum multiflorum* Thunbergii'로 표기하고 있으나 이번에 이를 바로잡는다.

하수오에 관련된 재미있는 전설을 소개해 보면, 암수가 다른 포기 식물로 낮에는 따로 떨어져 있다가 밤이 되면 서로 엉클어지기 때문에 별명을 '야교' 또는 '야교등(夜交藤)'이라고 하는 설이 있는가 하면, 중국 춘추 시대에 하씨 성을 가진 사람이 하수오 뿌리를 달여 먹고 백발이었던 머리가 까마귀처럼 검게 흑발이 되어 하수오라고 불리게 되었다는 설화도 있다.

덩굴성 초본으로 뿌리는 괴근을 형성하고 줄기는 덩굴로 뻗어 나가며 길이는 2~5m에 달한다. 잎은 난상 심장형에 서로 어긋나며 잎끝이 뾰족하고 가장자리는 밋밋하다. 꽃은 원추화서로 8~9월에 백색 또는 미백색으로 피고 열매는 세모진 난형에 10~11월경에 결실한다.

하수오는 생용(生用) 또는 포제하여 사용하는데 검정콩(黑豆)과 황주(黃酒)를 고르게 섞어 증숙[쪄서 익힘]하고 건조하기를 9회 반복한 포제법을 쓴다. 하수오는 간(肝)과 신(腎)을 보하고, 정혈(精血)을 더해 주는 효능이 있어서 머리가 어지럽고 머리카락이 희어지는 것을 막으며, 허리와 무릎이 시고 아픈 데, 또는 유정(遺精) 등의 치료에 이용하고, 생용(生用)을 하면 상을 윤활하게 해 주어 변이 잘 나가게 하고 악창과 종기를 치료하는 효능이 있다. 또한 하수오를 보약으로 복용할 때는 파, 무, 마늘, 비늘 없는 물고기 등

하수오_ 꽃

하수오_ 묘종(실생묘)

하수오_ 잎(앞면)

하수오_ 잎(뒷면)

하수오_ 지상부

하수오_ 줄기

하수오_ 열매

을 삼가야 하며 철제 그릇을 사용하면 그 효과가 감소되므로 철제 그릇을 사용하지 말아야 한다.

식물 기원상 혼란을 야기할 수 있는 품목으로 백수오가 있는데 백수오는 박주가리과의 덩굴성 다년생 초본인 은조롱(*Cynanchum wilfordii* Hemsley)의 덩이뿌리로서 식물 기원을 달리하며 식물의 형태나 생장 습관, 성미와 효능으로 보아 유사한 점들이 많다. 따라서 이시진(李時珍)은 『본초강목』에서 그 효능 및 작용 범위에 대하여 '하수오는 혈분(血分)에, 백수오는 기분(氣分)에 치우쳐 작용한다'고 설명하고 보익(補益) 약류의 처방에는 양자를 합용하는 것이 좋다고 하였다. 최근 우피소(*C. auriculatum*)가 백수오의 위품으로 재배, 유통되어 문제가 되었다.

현대에 와서 중국에서는 하수오를 많이 사용하고, 우리나라에서는 백수오를 많이 사용하는데 이제마(李濟馬)는 『동의수세보원』에서 '소음인에게는 백수오가 좋고, 소음인 보익방에 배합하거나 인삼 대용으로 응용한다.'고 하였다. 신민교는 흰쥐 실험을 통해 간장 조직 내 지방 활성의 억제 효과를 검토하여, 양자가 모두 효과가 있음을 밝혔으며 두 종류를 같이 사용하면 기혈(氣血)을 모두 보할 수 있다고 하였다.

◆ **하수오의 형태적 특성**

덩굴성 다년초로서 식물 전체에 털이 없고 덩굴은 담갈색을 띠며, 덩굴이 시계 방향으로 감고 올라가며, 덩굴의 잎은 어긋나고 잎자루가 있다. 잎 표면은 짙은 녹색으로 광택이 있고, 뒷면은 옅은 녹색을 띤다. 잎 모양은 끝이 뾰족하고 밑부분이 넓어져 심장형을 이루며 길이 3~6cm 정도이고 잎 가장자리는 굴곡이 없이 매끈하다 턱잎은 짧은 원통형이다.

꽃은 가지 끝에 총상으로 달리는 원주화서도 8~9월에 피고 담황백색이다. 꽃은 양성화로서 8개의 수술과 1개의 암술이 있으며, 암술머리는 3개로 갈라져 삼구상으로 보인다. 열매는 짙은 갈색을 띤 수과(穗果)이고 종자는 3개의 날개로 싸여 있으며 종자 1,000개의 무게[천립중(千粒重)]는 1.1g 정도로 매우 가볍다.

뿌리는 땅속으로 뻗고 둥근 괴근을 형성하며 표면은 적갈색을 띠고 절단면의 중앙부분은 황갈색을 띤다. 뿌리의 마디 사이에서는 6개 정도의 부정근이 발생하는데, 부정근의 일부는 고구마와 같이 덩이뿌리를 형성하고 나머지 부정근에서는 지근이 많이 발생하여 뿌리 역할을 한다.

◆ 백수오의 형태적 특성

덩굴성 다년초로서 덩굴은 옅은 녹색을 띠고 시계 반대 방향으로 감고 올라가며 길이는 1~3m 정도이다. 줄기와 잎을 자르면 흰색의 유액이 나온다. 잎은 마주나고 심장형이며 표면은 짙은 녹색이고 뒷면은 옅은 녹색으로 잎끝은 뾰족하다. 잎 가장자리는 굴곡이 없이 밋밋하여 잎자루는 원줄기 밑부분의 것은 길고 위로 올라갈수록 짧아진다.

꽃은 7~8월에 잎겨드랑이에서 꽃대가 발생하여 우산 모양을 이루고 황록색으로 핀다. 양성화로서 5개의 수술과 1개의 암술이 있으며 암술머리는 유백색의 공 모양을 이루고 있다. 열매는 삭과로 9월경에 생긴다. 꼬투리는 길이 8~12cm, 지름 1~1.5cm의 피침형이고, 꼬투리당 80~100개 정도의 종자가 들어 있으며, 종자 1,000개의 무게[천립중(千粒重)]는 6.5g 정도이다.

종자는 짙은 갈색을 띠며 솜털이 달려 있어서 탈협과 동시에 바람에 날리며 흩어지므로 채종할 때는 주의가 필요하다. 뿌리는 마와 같이 주근이 비대생장하는데, 주근은 초년도에 신장과 비대생장을 하고 이후부터는 비대생장만 계속한다. 비대생장한 원뿌리의 절단면의 바깥 부분은 유백색을 띠고, 중앙 부분은 담황색을 띤다.

하수오_ 식재 모습(지주 설치)

하수오_ 뿌리(괴근)

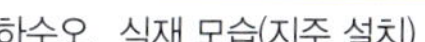 재배법

하수오를 중심으로 재배 방법을 기술하고자 한다. 하수오는 다음과 같이 종자 번식과 영양 번식의 두 가지로 번식, 재배한다.

- **종자 번식** : 파종 시기는 3월 말~4월 초순경이 적당하다. 300평당 완숙 퇴비 2,000kg, 질소 4kg, 인산 4kg, 칼리 4kg, 석회 200kg을 파종 15일 전에 전면 살포한 후 경운(耕耘, 밭갈이)한다. 질소 4kg은 8월 상순경에 웃거름으로 준다. 파종할 두둑은 폭 120cm, 두둑 높이를 30cm로 하여 평탄작업을 하고 종자를 파종한다. 종자를 파종하기 전에 종자량의 5~6배 정도 되는 톱밥과 혼합하여 산파(흩어뿌림)하면 골고루 파종할 수 있다. 하수오 재배 시, 특히 직파 재배 때에 파종 후 3일 이내에 라소 유제 적정량을 포장 전면에 살포한다. 파종 후 20일 정도면 하수오 종자가 건조를 막기 위한 볏짚 피복을 해 주고 발아되어 지표로 올라올 때 흐린 날이나 오후 3시 이후에 볏짚을 걷어 준다. 그 후 약 20일 동안은 풀이 나지 않으며 하수오 줄기는 30~40cm 정도로 성장해 있으므로 그 뒤의 제초는 큰 문제가 되지 않는다.
  - ○ 지주 설치 : 덩굴성 식물이며 구근의 비대를 위하여 지주를

설치해야 한다. 180cm 정도의 잡목을 피라미드 형태로 세워 주고 상단부를 꼬임끈으로 맨 후 맨 가장자리 두 곳에 말뚝을 박고 상단부를 철사줄로 묶어 준다. 잡목이 없는 곳에서는 대나무를 사용해도 된다. 6월 중순부터 2번 정도 김매기를 해 준다. 이렇게 관리한 후 겨울이 지나 2년차로 접어들면 종근 재배와 동일하게 관리하면 된다.

● 영양 번식(종근 재배)

종근 준비는 재배한 구근(球根, 알뿌리)에서 상품성이 없는 것을 골라서 식재한다.

○ 분근 번식 : 모주 포장의 10~20배에 달하는 면적에 증식이 가능하다. 또한 경비가 저렴하고 이른 봄에 바로 정식이 가능하다는 장점이 있다. 종근을 채취하여 사용할 밭은 가을에 수확하지 않고 봄에 수확한다. 즉 정식에 적합한 4월 중순경에 수확과 동시에 뿌리줄기를 전부 캐 내어 분근한다. 분근된 종근을 재식할 때에는 부정근이 나와 있는 뿌리줄기를 3~4마디씩 잘라서 2~3마디는 땅속에 묻고, 1마디만 지표면에 약간 보일 정도로 심는다.

○ 삽목 번식 : 숙지삽(전년생 가지를 삽수로 이용)과 녹지삽(당년생 부위를 채취하여 삽수로 이용)이 가능하다. 삽수의 조제는 늦가을에 충실하게 자란 덩굴을 선별하여 1m 정도 잘라서 다발을 지어 동해를 받지 않도록 움 속에 저장하였다가 4월 중순~하순경에 10~15cm의 길이로 조제한 후 모래 상토에 7~12cm 정도 깊이로 묻고 마르지 않게 수분 관리를 하면 뿌리가 쉽게 발생한다. 또한 여름 장마기에 충실한 녹지(당년 발생한 덩굴)를 10~15cm 길이로 잘라 아래 위가 바뀌지 않도록 모래상토에 삽목하고 수분 관리를 잘 해주면 뿌리가 쉽게 내린다.

○ 정식 : 4월 중순이 적기이며, 경운 전 토양살충제를 모래와 섞어서 6kg 살포한다. 10a당 퇴비 2,000kg, 질소 14kg, 인산

12kg, 칼리 8kg을 시용한다. 질소 50%와 인산과 칼리 전량
을 시용하고 경운하여 정지한다. 재식 거리는 줄 간격 30cm,
주간 거리 20cm 간격으로 하여 깊이 10cm의 골을 만든 다음
묘의 머리 부분이 약간 보이게 심은 후 제초제로 랏소, 시마
진 등을 뿌려준다. 정식 후 묘가 활착되어 생장하며 남은 질
소 50%를 8월에 추비로 시용한다.

○ 지주 세우기 : 덩굴이 15~25cm 정도 자라면 지주를 설치하
여 덩굴을 유인해 준다.

○ 제초 관리 : 정식 후 20일 정도 되어 줄기가 올라오기 시작하
면 제초 작업을 해 주어야 하며 그 후 7~9월은 잡초의 자람
에 따라 인력으로 김매기를 2회 정도 해 주어야 한다.

○ 관수 : 생육 중 수분이 가장 필요한 시기인 4~5월의 활착기
와 8~9월의 뿌리 비대기에 가뭄이 심하면 30~50mm 정도 물
을 관수하여 뿌리의 활착 및 비대 등을 촉진한다.

● **기타 관리** : 6월 말~7월 초순경 경엽이 떨어지고 생육이 좋지 않
을 때에 줄기를 절단해 주어야 한다. 절단 후 아주 충실한 경엽
이 다시 살아 돋아나며, 왕성한 성장을 시작한다.

병충해 예방법과 방제

뿌리의 피해로 고온 다습한 여름철, 특히 장마기에 근부병이 발생
하므로 배수 관리를 철저하게 해 주어야 하며 충해로는 고자리파
리 피해와 굼벵이 및 거세미의 피해가 있다. 식재 2개월 전까지 완
숙 퇴비를 넣어 병충해가 발생하는 원인을 차단해야 한다. 또한 진
딧물 피해가 의외로 심하게 나타나며 탄저병이 많이 발생한다. 방
제 약제로는 진딧물 살충제+탄저병 살균제나 석회보르도액을 장
마기 이전에 일주일 간격으로 살포하고 있으나 아직까지 등록 고
시된 약제는 없다. 탄저병은 연작을 하지 않으면 큰 피해가 없다.

황금 *Scutellaria baicalensis* Georgi

- **식물명** : 황금
- **학명** : *Scutellaria baicalensis* Georgi
- **과명** : 꿀풀과(Labiatae)
- **별명**(이명, 속명) : 황금초, 조금(條芩), 고금(枯芩), 편금(片芩)
- **생약명** : 황금, 자금, 황문
- **분포지** : 우리나라 경기, 경상도, 전라도 등 중남부 지역
- **번식법** : 파종이나 육묘 이식
- **꽃 피는 시기** : 7~8월
- **채취 시기** : 11~12월
- **용도** : 약용(뿌리)
- **약용** : 해열, 이뇨, 지사, 이담, 소염, 동맥 경화, 고혈압, 담낭염

식물의 생김새와 특징

다년생 초본으로 식물체 전체에 걸쳐 털이 나 있다. 줄기는 대개 모여나며 경질(莖質)이고 곧게 섰거나 비스듬히 올라가 여러 갈래로 갈라졌다. 잎은 마주나며 거의 잎자루가 없고 피침형에 잎 밑이 뭉뚝하거나 날카로우며 톱니가 없거나 모연(毛緣)이다.

꽃은 7~8월에 피고 자줏빛이 돌며 총상꽃차례로 한쪽으로 치우쳐서 달린다. 화관(花冠)은 밑부분에서 꼬부라져 곧게 서고 통형이며 길이 1.5~2.5cm이고 입술 모양이다. 꽃받침은 종 모양이다. 열매는 둥그스름하면서 여윈 모양으로 9~10월에 익는데 꽃받침 안에 들어 있다.

한방에서 뿌리를 해열, 이뇨, 지사, 이담, 소염제로 이용하며 농

황금_ 잎　　　　　황금_ 열매

황금_ 꽃　　　　　황금_ 지상부

황금_ 생뿌리

황금_ 생뿌리(거피)

가에서는 약용 식물로 재배한다.

뿌리의 색깔은 황갈색을 띠며 1년생은 주로 주근이 비대하고 다년생은 곁뿌리들도 비대해지는데 뿌리는 한약재로 이용되고 있으며 조제 시 건재는 충실하고 쓴맛이 강한 것이 우량품이다. 농가 소득 면에서는 황금 재배 농가 대부분이 산파에 의한 무피복 재배로 제초 노력과 수확 노력이 과다하게 소용되어 순수익 감소의 주원인이 되고 있다.

중국 북부가 원산으로 우리나라, 일본, 대만 등지에 재배하고 있으며 우리나라에서는 전국적으로 재배가 가능하나 중부 이북 지방은 기후 관계로 재배가 잘 안 되고 중부 및 남부 지방이 적합하다.

🌿 재배법

전국 어디서나 재배가 가능하지만 따뜻하고 일사량이 많은 중남부 이남 지역이 유리하며, 토양은 물빠짐이 좋은 식양토나 양토로 토심(土深)이 깊고 유기물이 많은 곳이 재배하기에 좋다. 물빠짐이 좋지 않으면 뿌리가 썩기 쉽고, 점질토에서는 뿌리의 발육이 좋지 않으며 수확하는 데 노력이 많이 든다. 사질토나 자갈이 많은 곳에서는 잔뿌리가 많이 발생하여 품질이 떨어지고 겨울에 동해를 입기 쉽다. 황금의 번식은 종자, 삽목(揷木) 및 분주(分株)로 가능하지만, 종자 파종법이 많이 활용되고 있다. 종자 파종 재배에는 직파 재배법과 육묘 이식 재배법이 있다.

- **품종** : 현재 육성 보급한 품종은 없고, 전남 여천 지역에서 수집한 지방 재래종이 주로 재배되고 있다.

- **채종** : 종자는 2년생으로서 병이 없고 발육이 좋은 포기에서 채취한다. 황금은 7~10월에 걸쳐서 계속 꽃이 피므로 여무는 순서대로 아랫부분부터 채종하는 것이 좋다. 다만 채종에 시간이 많이 걸리므로, 잎이 누렇게 변하고 종자가 검게 익었을 때 줄기를 베어내 말린 후 털어서 정선하여 사용한다.

- **파종 시기** : 남부 지방에서는 5월 초순부터 하순까지 파종을 하는 것이 뿌리 썩음도 적고 수확량이 제일 많다. 너무 일찍 파종하면 여름에 많이 썩을 위험성이 있다.

황금_ 식재 모습(생육 초기)

황금_ 식재 모습

- **파종량** : 봄에 파종하여 1년생으로 가을에 수확하기 위하여 직파 재배를 하는 경우에는 10a당 2L 정도의 종자가 소요된다. 2~3년생 뿌리를 수확할 목적으로 직파할 경우에는 본답 10a당 1.5L 정도의 종자가 소요되고, 육묘 이식 재배를 할 경우에는 30평 정도의 모판에 0.8L 정도의 종자가 필요하다.

- **파종 방법** : 종자를 파종할 때는 흐르는 물에 2~3시간 침종한 뒤 벤레이트티 1,000배액에 3~4시간 소독한 후 맑은 물로 씻어 파종하거나 분의(粉依, 가루약제를 종자 표면에 고루 묻도록 버무림) 처리한 다음 파종한다.

  ○ 직파 재배 : 밑거름을 골고루 뿌린 후 전층시비가 되도록 깊이갈이를 2~3회 한다. 너비 90~120cm의 두둑을 짓고 15cm 간격으로 작은 골을 친 후 줄뿌림을 하거나 흩어뿌림을 하고 흙을 1cm 정도 덮어 준다. 점뿌림을 하여 2~3년생으로 수확하고자 하는 경우에는 너비 40cm의 두둑을 짓고 10~15cm 간격으로 2~3립씩 파종한다. 검정 비닐에 구멍을 뚫고 비닐 피복 재배하는 것이 좋다.

- **시비 방법** : 1모작 재배 시에는 밑거름으로 10a당 퇴비 1,500kg, 질소(요소) 3kg, 인산(용과린) 9kg, 칼리(염화칼리) 3kg, 석회 200kg을 밭 전에 고루 뿌린 후 밭갈이하여 전층 시비가 되도록 하고, 두둑을 만들어 직파하거나 이식한다. 웃거름은 6월 상순과 8월 상순에 요소와 염화칼륨 3kg씩을 2회로 나누어준다. 2차 연도에도 퇴구비와 석회를 제외하고 전년도와 같이 시비한다.

- **주요 관리법** : 장마철에 배수가 잘 안 되면 뿌리가 부패하므로 물이 잘 빠지도록 배수구를 깊이 설치해 주어야 한다. 검정 비닐 피복 재배 시에는 발아만 잘 시키면 수확량을 높이고, 제초에 드는 노력을 절감할 수 있다. 7월 중순경부터 개화가 시작되어 10월까지 계속되므로 채종할 포기 외에는 8월 중순에 낫이나

예취기를 이용하여 정단부에서 10cm 정도 꽃대를 잘라 준다.

- **수확량** : 생근으로 100kg/10a/1년, 250kg/10a/2년, 450kg/10a/3년생

병충해 예방법과 방제

- **병해** : 잿빛곰팡이병, 점무늬병, 줄기썩음병이 발생한다. 질소질의 시비를 적게 하여 과번무(잎이나 줄기가 너무 무성하게 성장해서 뿌리나 과실의 발육이 부실해짐)를 억제한다.

- **충해** : 거세미, 진딧물, 응애, 뿌리혹선충, 파밤나방 등이 있으며 아직 품목 고시된 약제는 없다.

황기 *Astragalus mongholicus* Bunge

- **식물명** : 황기
- **학명** : *Astragalus mongholicus* Bunge
- **과명** : 콩과(Leguminosae)
- **별명**(이명, 속명) : 백본(百本), 옥손(玉孫), 양육(羊肉), 백약면(百藥綿)
- **생약명** : 황기(黃芪)
- **분포지** : 우리나라 경북, 강원, 함북 등지의 산야
- **번식법** : 10월 하순 파종
- **꽃 피는 시기** : 7~8월
- **채취 시기** : 가을 또는 11~12월
- **용도** : 약용
- **약용** : 치아 질환, 강장제, 완화제, 지한제, 강심제, 치질

🌿 식물의 생김새와 특징

『대한약전』에 따르면 황기는 콩과의 다년생 초본인 황기(*Astragalus mongholicus* Bunge)의 주피를 거의 벗긴 뿌리를 기원으로 한다.

중국에서 황기로 함께 통용되는 몽고황기나 내몽고황기는 황기의 변종으로 분류된다. 『동의보감』에서는 '단서삼불휘'라고 기재되어 있는데 이것은 같은 콩과에 속하는 식물인 고삼(너삼)과 형

황기_ 꽃

황기_ 잎

황기_ 열매

황기_ 종자

황기_ 생뿌리

태적으로 매우 유사하면서 너삼의 맛이 매우 쓴 데 반하여 황기의 경우에는 단맛이 나기 때문에 붙여진 이름인데, 국생종에서는 단 너삼을 비추천명으로 수재하였다. 생약명 또한 황기(黃芪)라고 하여 단너삼 '기(芪)' 자를 쓰는데, 중국에서는 황기(黃耆)라 하여 늙은이 '기(耆)' 자를 쓴다. 이는 색이 노란빛을 띠고 있으며 오래 복용하면 장수할 수 있음을 뜻한다.

다년생 초본으로 줄기는 녹자색을 띠며 직립하고 초장은 1~1.5m에 이르며 원줄기는 윗부분에 가지가 많이 생기고 표면이 매끄럽게 광택이 있으며 약간의 털이 있다. 꽃은 7~8월에 노란색으로 피며 잎겨드랑이에 총상꽃차례로 달리는데 시간이 지나면서 붉은빛이 도는 자주색으로 변한다. 꽃부리의 길이는 15~18mm로 나비 모양이고 꽃받침은 길이 5mm로 종 모양이다.

광택이 나는 열매는 협과로 길이 2~3cm의 약간 둥근 달걀 모양이다. 뿌리는 직근성으로 곧게 뻗으며 길이는 20~100cm에 달하고, 굵기는 0.5~2.0cm 정도로 겉껍질은 담황갈색이나 절단면의 둘레는 유백색, 속살은 담황백색을 띤다.

🌿 재배법

황기는 추위에 강하여 전국 어느 곳에서나 재배가 가능하지만 강우량이 많고 비바람이 심한 남부 해안 지방은 적당하지 않다. 비교적 서늘한 중북부 산간 지방, 즉 여름철 온도가 지나치게 높지 않고 일교차가 큰 곳에서 재배하는 것이 뿌리의 생육도 좋고 품질도 양호하다. 특히 직근성으로서 뿌리가 깊게 뻗어 내려가므로 토심이 깊고, 물빠짐이 좋으며 부식질이 많은 토양이 재배하기에 적합하다.

배수가 좋지 못한 토질에서는 여름 장맛비 올 때에 뿌리가 썩는 경향이 있으며, 사토질에서는 경엽의 성장은 좋으나 뿌리가 곧게 내려가지 못하고 잔뿌리가 많이 생겨 품질이 좋은 것을 수확하기 어려우므로 두 가지 경우 모두 피하는 것이 좋다. 또한 철분이 과다한 토양도 피해야 한다. 여름철 기온이 높은 평야지에서는 근부병(뿌리썩음병)이 심하여 2~3년생 뿌리를 생산하기가 어렵다. 황기의 번식은 주로 종자 번식법을 이용한다.

황기_ 노지 재배

- **품종** : 농촌진흥청 산하 연구기관에서 육성한 '풍성황기'가 있다.

- **채종** : 황기의 종자는 2~3년생의 건전한 포기에서 채취해야 한다(1년생은 발아율이 떨어진다). 특히 묵은 종자는 발아율이 나쁘고 생육상태도 불량하며 고사하므로 주의해야 하는데, 종자 색깔이 흑갈색으로 윤기 있고, 종자의 무게가 충실한(1L의 무게가 750g 이상) 햇종자를 택한다. 개화 기간이 60일 이상 지속되기 때문에 채종 적기를 포착하기 어렵다. 채종 시기는 10월 상순~

황기_ 멀칭 재배

황기_ 재배 모습(생육 성기)

중순경 서리가 내리기 전에 줄기를 20cm 높이에서 베어 작은 단으로 묶어 세워 말린 다음 정선한다. 시판되는 종자를 구입할 경우에는 색깔이 검고 광택이 나며 무겁고 충실한 것을 선택한 다. 종자에는 특히 새콩이나 새삼과 같은 잡초 종자가 섞이지 않도록 잘 정선해야 한다.

- **수확 및 관리** : 1년째에는 파종(4월 상순~하순) → 솎음, 김매기 (4월 하순~5월 중순) → 중경, 웃거름(6월 중순~7월 중순) → 배토 (7월 하순~8월 중순) → 당년 수확(11월 중순~)의 순서이며 2년 째에는 웃거름과 중경(3월 중순~4월 중순) → 적심(5월 중순~6월 상순) → 웃거름, 중경(6월 상순~하순) → 적심(7월 중순~8월 상 순) → 채종(10월 상순~중순) → 수확(10월 하순~11월 중순)의 순 서로 한다.

- **파종** : 중남부 평야지에서는 4월 초순~중순(만상 피해를 입지 않 도록 지역에 따라 조절)으로 파종기가 늦어지면 생육이 떨어져 수 량이 감소되므로 너무 늦지 않도록 주의한다.

  ○ 파종 방법 : 파종 전 기비를 전층시비하고 90~120cm 정도의 두둑을 만든다. 당년 수확을 할 경우에는 골 사이 15cm, 포 기 사이 10cm 간격으로 조파하거나, 10cm 간격으로 2~3알 씩 점파한다. 2년근 이상을 수확하려 할 때는 30cm 간격으 로 작은 골을 만들어 포기 사이 10cm 간격으로 조파하거나, 10cm 간격으로 점파한다. 파종 후 복토는 0.5~1cm 두께로 하는데 인력 파종기, 트렉터 부착 다목적 인력 파종기를 이 용하면 편리하고 인력을 절감할 수 있으며 파종 심도가 균일 하여 발아가 고르다.

  ○ 종자 소요량 : 당년 수확 시는 조파하려면 3.6L/10a, 점파하 려면 2.4L/10a 정도의 종자가 소요된다. 2년 이상 수확 시는 1.8L/10a 정도 필요하다.

◆ **시비 방법**

① 콩과 식물(질소 고정 능력이 있음)이므로 질소질보다는 퇴비, 인산, 칼륨비료를 많이 주어야 하고, 산성 토양에서는 석회를 충분히 사용하여 중화시킨 후 심어야 한다.

② 보통 10a당 질소질 비료 6kg, 인산 비료 7kg, 칼리 비료 4kg, 퇴비 1500kg, 석회 200kg을 밑거름으로 준다. 질소 3kg, 칼리 4kg을 웃거름으로 적심 3~4일 전에 2~3회 나누어준다.

③ 늦가을 줄기와 잎이 누렇게 마르면 다음 해 수확할 것은 지상부 10cm 정도를 남기고 벤 다음 월동시킨다.

④ 이른 봄에 퇴비 등의 비료를 밑거름보다 30% 정도 더 주어야 2년차 생육이 좋다.

◆ **주요 본밭 관리** : 파종 후 10일 정도면 발아가 되는데 지나치게 촘촘한 곳만 솎아준다. 황기는 약간 촘촘하게 키우는 것이 곁뿌리 발생이 적어 품질이 좋다. 솎음 작업은 포기 사이를 10cm로 하여 1포기씩만 남기고 솎아 준다. 김매기는 황기 생장에 지장이 없도록 3~4회 하는데 제초제 나프로파마이드 수화제 400배액을 파종 복토 후 토양 살포하기도 한다.

○ 보파(補播) : 황기는 직근성 작물로 이식이 잘 안 될 뿐만 아니라 곧은 뿌리를 수확해야 되므로 결주가 생기면 이식하지 말고 보파해야 한다. 보통 파종 20일 후에도 발아가 안 되는 결주는 보파한다.

○ 순지르기(적심) : 지상부 생육이 지나치게 좋으면 도복(쓰러짐)의 우려가 있다. 1년생은 7월 중순 이전에, 2년생은 6월 하순과 7월 하순에 각각 1/4 정도씩 잘라 준다. 지나치게 많이 자르면 생육에 지장이 많아 수량도 감소한다.

○ 배수 : 여름철 장마로 지하 수위가 높아지거나 과습 상태가 되면 뿌리가 썩으므로 배수에 특히 주의해야 한다. 보통 배수로의 깊이는 40cm 이상, 80cm 이내로 두둑을 최대한 높여

주는 것이 좋다.

🌿 병충해 예방법과 방제

- **병해** : 주요 병해는 노균병, 입고병, 흰가루병 등이 있다. 여름철 장마기에 심한 병으로, 노균병에는 디메토모르프 수화제 외 3품목이, 흰가루병에는 아족시스트로빈 액상수화제 외 2품목이, 등록 고시되어 있다.

- **충해** : 주요 충해는 진딧물과 야도충 등이다. 진딧물은 5월부터 10월까지 발생하며 특히 건조기 때 발생량이 많다. 아세타미프리드 수화제 등 3~4품목의 등록 고시된 진딧물 약제로 살포한다. 또 야도충, 굼벵이, 기타 토양 해충도 주의해야 하는데 이와 같은 충해는 결주 유발 및 상품성 하락 등을 가져온다. 에토프 입제, 타보 입제 등의 토양 해충약으로 방제할 수 있으나 등록 고시되지는 않았다.

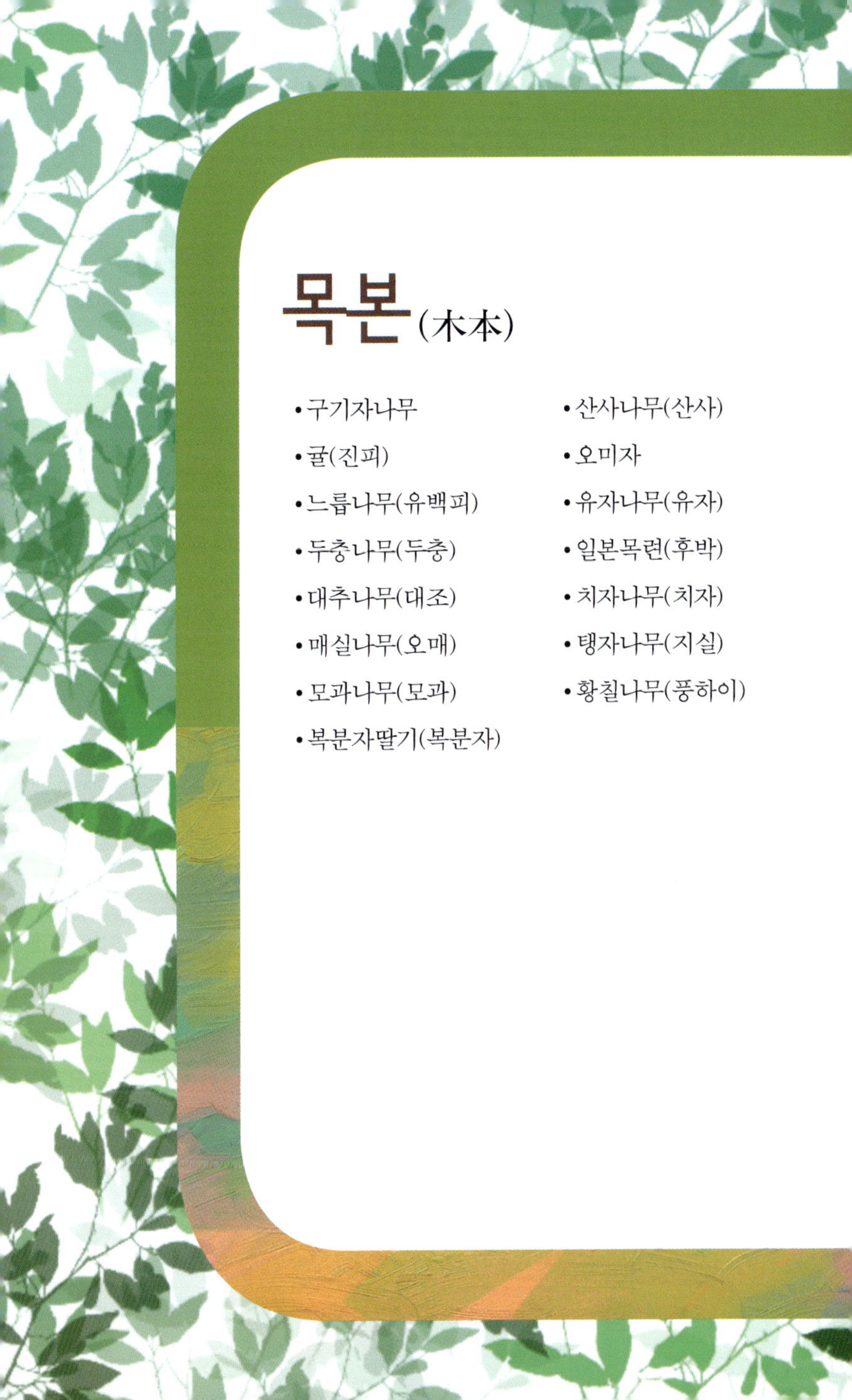

목본 (木本)

- 구기자나무
- 귤(진피)
- 느릅나무(유백피)
- 두충나무(두충)
- 대추나무(대조)
- 매실나무(오매)
- 모과나무(모과)
- 복분자딸기(복분자)

- 산사나무(산사)
- 오미자
- 유자나무(유자)
- 일본목련(후박)
- 치자나무(치자)
- 탱자나무(지실)
- 황칠나무(풍하이)

구기자나무 *Lycium chinense* Miller

- **식물명** : 구기자나무
- **학명** : *Lycium chinense* Miller
- **과명** : 가지과(Solanaceae)
- **별명**(이명, 속명) : 지골자(地骨子), 적보(赤寶), 청정자(靑精子)
- **생약명** : 구기자(枸杞子, 열매), 구기엽(枸杞葉, 신초),
  지골피(地骨皮, 뿌리껍질)
- **분포지** : 전국 각지. 주산지는 전남 진도, 충남 청양
- **번식법** : 종자 번식(3~4월), 삽목 번식(4~5월), 이식
- **꽃 피는 시기** : 6~9월
- **채취 시기** : 10~11월
- **용도** : 약용(열매와 껍질), 식용(어린순)
- **약용** : 당뇨병, 고혈압, 청열, 양혈, 도한, 해천, 출혈, 치통

구기자는 구기자나무의 열매를 가리키며 초여름에 난 새싹이나 여름에 다 자란 잎을 따서 햇볕에 말린 것을 구기엽(枸杞葉)이라 하고 구기자나무 뿌리껍질을 지골피(地骨皮)라고 한다.

동아시아 열대에서 온대에 걸쳐 분포하는 낙엽관목으로 높이는 1~2m 정도로 가지가 유연하여 아래로 늘어지며, 흙과 만나면 뿌리를 내리고 번식한다. 가지에 변형 가시가 있고, 잎은 타원형으

구기자나무_ 꽃

구기자나무_ 어린순

구기자나무_ 잎과 줄기

구기자나무_ 지상부

구기자나무_ 열매

로 어긋나며 길이 2~4cm, 폭 1~1.5cm로 잎은 가장자리에 톱니가 없이 매끄러운 모양이다. 6~9월에 자줏빛 꽃이 피고, 가을이면 타원형의 열매가 붉게 익는다. 열매는 단맛이 난다.

덩굴성 식물로, 예전 시골에서는 길가나 밭두렁 또는 대문 앞에 심어 두고 가을에 들일을 마치고 돌아오는 길에 조금씩 익은 열매를 채취하여 말리곤 하였다.

병해충에도 강하여 잘 자라므로 개나리 대신 심으면 좋다. 가을에 자녀들에게 채취하도록 하여도 좋은데, 빨갛게 익은 풍성한 열매가 꽃처럼 보기가 좋다.

긴 화분에 몇 그루만 심어도 가정에서 1년 동안 사용하기에 충분한 양의 구기자를 수확할 수 있으며 농가에서는 대체 작물로서 재배하여도 고수익을 올릴 수 있는 약용 식물이다.

🌿 재배법

전남 진도와 충남 청양이 주산지이며, 추위에 잘 견디는 성질이 강하여 전국 어디서나 재배 가능하지만 열매 생산을 목적으로 재배할 때는 개화, 착과, 열매의 성숙 기간 등이 긴 중부 이남 지역이 유리하다. 햇볕이 잘 들고 통풍이 좋은 곳이 재배하기에 유리하다. 토질을 가리지 않으며 비옥도가 중간 정도 되고 배수가 잘 되는 모래와 찰흙이 알맞게 섞인 곳에서 잘 자란다.

번식은 꺾꽂이, 휘묻이, 포기나누기, 실생법(종자 파종) 등 여러 가지가 있으나, 일반적으로 꺾꽂이 번식법(삽목)이 많이 이용되고 있다. 꺾꽂이는 3월 하순~4월 하순에 실시한다. 이때 사용하는 번식용 상토는 1개월 전에 만들어 준비를 해두는 것이 좋다. 즉 상토는 수분, 온도, 산소 공급이 적절하여 미생물상이 안정된 상태를 만들어 주는 것이 중요하다.

● **번식 방법** : 종자 번식과 영양 번식이 있는데 일반적으로 모계의 우수한 형질이 그대로 후손에게 전달되는 영양 번식법을 많

이 이용하고, 특히 영양 번식법에는 꺾꽂이, 휘묻이, 포기나누기 (분주법, 分株法), 실생법 등 여러 가지가 있으나 꺾꽂이 번식법 (삽목법, 揷木法)을 가장 많이 이용하고 있다.

○ 꺾꽂이 번식법 : 보통 3월 하순~4월 상순에 실시한다. 삽수(揷穗)는 크지 않은 것이 좋고, 보통 15~18cm 정도의 길이로 자른 삽수를 120cm 정도의 두둑에 포기 사이 10cm 간격으로 심는다. 심을 때는 45° 각도로 꽂은 후 삽수가 땅 위로 2~3cm 정도만 보이도록 한다. 너무 깊게 묻히면 싹이 잘 안 나오고, 너무 얕게 심으면 땅 위로 삽수가 높이 올라와 말라죽는다. 물 관리가 편리한 곳에 삽목상을 설치한다. 보통 위와 같이 삽목상에 삽목을 하면 10a당 21,000주 정도가 심어진다.

○ 휘묻이 번식 : 7~8월에 새로 뻗은 충실한 가지에 흙을 덮으면 뿌리가 내리는데, 뿌리가 완전히 내린 것은 가을이나 봄에 일찍 밭에 정식하거나 밭둑, 울타리 주변, 과수원 주변 등

구기자나무_ 식재 모습

구기자나무_ 지주 재배

에 옮겨 심는다.

- ○ 포기나누기 : 10월 하순이나 이듬해 봄에 구기자나무의 포기를 완전히 캐내어 나누어서 심거나 뿌리에서 올라온 포기를 삽으로 분리하여 옮겨 심는다.
- ○ 수분수 혼식 : 일반적으로 자가 불화합성이 있다. 동일 품종 재배 시 수정이 불량하여 수량이 떨어진다. 그래서 적정 수분수 혼식으로 결실률 향상이 필요하다. 특히, 신품종 재배 시에는 추천 수분수를 필히 혼식하는 것이 좋다. 적정 수분수 혼식 비율은 2열은 주품종, 1열은 수분수로 한다. 즉 불로는 청양 재래, 청대는 명안과 혼식하고 장명은 청운과 청명은 호광과 혼식 재배하는 것이 좋다.

◆ **시비 방법** : 구기자의 시비량은 재배년수가 경과함에 따라 차이가 있으나 10a당 표준시비량은 다음과 같다. 질소 14kg, 인산 14kg, 칼리 14kg, 퇴구비 3,000kg, 석회 200kg이며 질소는 밑거름으로 8kg, 웃거름으로 6kg으로 2회 나누어주는데 웃거름은 첫 번째 줄 때에 4kg, 두 번째 줄 때에는 2kg을 시용한다. 칼리는 밑거름으로 10kg, 웃거름으로 4kg을 준다.

◆ **순지르기** : 과번무(過繁茂)를 막기 위하여 순지르기를 하는데 구기자 생산을 목적으로 할 때는 필요하지만, 구기엽을 생산할 목적으로 재배할 때에는 1회만 실시한다. 1차 순지르기는 5월 하순에 90cm 이상 자라 올라온 새 가지의 끝을 10~15cm 정도 잘라 준다. 2차 순지르기는 7월 20일경에 하는데 2차 순지르기를 할 때 무성한 잎을 일부 따서 구기엽으로 사용하면 생식 생장이 촉진되므로 일석 이조의 효과를 얻을 수 있다.

◆ **재배와 수확**

- ○ 구기자 : 정식한 당년부터 가능하며 8월 하순~11월 중·하순이 수확 적기이다. 잘 익은 것부터 수시로 수확하여 햇볕

또는 화력으로 건조시킨다.

○ 구기엽(구기자나무 어린 신초) : 구기엽을 목적으로 재배한 것은 1년에 4~5회에 걸쳐 베어 내는데, 수확 적기는 새싹이 30~40cm 자랐을 때이다. 50cm 이상 자라면 가지가 목질화되어 베어 내기도 힘들고 절단, 조제가 곤란해지며 품질도 떨어진다. 구기엽으로 쓸 것은 베어 낸 직후 2cm 정도로 절단하여 반쯤 마를 때까지 햇볕에 말려서 통풍이 잘 되는 곳에서 음건하거나, 건조기에서 건조한다.

○ 구기엽과 구기자를 함께 수확 : 구기엽의 수확을 7월 초순까지 하며 이후에 나는 싹은 50~60cm 정도 자랐을 때 순지르기를 하고 잎겨드랑이[葉腋]에서 단과지의 발생을 유도시켜 주면 늦여름부터 꽃이 피기 시작한다. 8~11월에 걸쳐 열매가 붉게 익은 것부터 채취하여 건조한다.

○ 지골피 : 뿌리를 캐서 물로 씻고 껍질을 벗겨 말린 것인데 8월 중순 이후부터 채취한다. 매년 낮추베기를 하기 때문에 6~7년이 되면 나무의 세력이 약해지므로 갱신해 주어야 하는데 이때 지골피를 채취하는 것이 좋다.

🌢 **사용법** : 그대로 사용하거나 볶아서 사용한다.

🌢 **수확량** : 생으로 450kg/10a/3~5년생, 건조 180kg/10a/3~5년생

🌿 병충해 예방법과 방제

주요 병해는 탄저병이고 그 밖에 역병, 흰가루병, 점무늬병 등이 발생한다. 해충으로는 구기자혹응애의 피해가 매우 크고 중요하며, 복숭아혹진딧물, 열점박이잎벌레, 점박이무당벌레, 노랑총애벌레 등이 피해가 크다.

🌢 **병해** : 탄저병은 6월 말부터 시작하여 장마기에 피해가 심하다. 주로 미숙과에서 발병하며 초기에는 과실 양쪽 끝에 흑색 점무

늬를 형성하지만 시간이 지나면서 수침상(水浸狀)의 병무늬를 형성하고 병반부에 포자층이 형성된다. 토심이 깊고 배수가 잘 되는 토양으로 통풍이 잘 되며 햇빛을 많이 받는 적지에 재배하면 발생을 줄일 수 있다. 또 유기물을 많이 시용하고 깊이갈이를 하여 땅심(地力)을 높여 준다. 줄기를 일찍 베어 내고 병든 잎과 열매 등의 전염원을 깨끗이 긁어 모아 소각하거나 땅속 깊이 묻어 주는 것도 좋은 예방법이다. 탄저병과 흰가루병에는 적용약제가 등록 고시되어 있으므로 안전 사용기준에 따라 사용한다.

- **충해** : 구기자혹응애는 잎에 벌레혹을 형성하여 아래 잎부터 누렇게 변하고 낙엽이 되므로 병으로 오인하기 쉽다. 보통 3월 중순부터 발생하여 7월 하순~8월 상순에 그 피해가 가장 심하다. 우선은 구기자혹응애에 강한 품종을 선택하여 재배하는 것이 가장 효과적이다. 발생이 심할 때는 피리다펜티온 유제와 같은 등록 고시된 적용 약제로 방제한다. 그 밖에 열점막이잎벌레의 피해도 매우 큰데 델타메트린 유제 등의 약제들이 등록 고시되어 있다.

- **식용 및 음용법** : 구기자 술은 소주 1.8L에 구기자 200g을 넣어 약술을 담근다. 자양 강장, 저혈압, 불면증 등에 효과가 있으며 매일 밤 자기 전에 한 잔씩 마시면 좋다. 또한 자양 강장, 피로 회복, 고혈압 개선 등에는 구기엽을 1일, 10~15g씩 달여 마시면 좋다.

　그 밖에도 숙지황, 오미자, 결명자, 흑임자(검정 참깨), 생강, 대추 등은 구기자와 배합하면 잘 어울리는 약재들이다.

귤 (진피) *Citrus unshiu* S. Marcov.

- ■ **식물명** : 귤(비추천명 : 귤나무, 감귤나무)
- ■ **학명** : *Citrus unshiu* S. Marcov.
- ■ **과명** : 운향과(Rutaceae)
- ■ **별명**(이명, 속명) : 밀감, 온주밀감
- ■ **생약명** : 진피(陣皮), 첨등(甛橙)
- ■ **분포지** : 우리나라 남부 지방 및 제주도
- ■ **번식법** : 영양 번식
- ■ **꽃 피는 시기** : 5~6월(흰색)
- ■ **채취 시기** : 10월
- ■ **용도** : 약용, 식용
- ■ **약용** : 발한, 건위, 항궤양, 항염, 이담 작용, 감기, 피로 회복, 신동

🦋 식물의 생김새와 특징

따뜻한 곳에서 자라는 상록 활엽 소교목으로 키가 5m까지 자라며, 잎은 피침형 또는 넓은 피침형으로 어긋난다. 5~6월경 잎이 붙는 부분에 흰색의 꽃이 피고, 10월경에 황금색의 과실을 맺는다. 과육은 달고, 개량된 품종에는 씨가 없다. 우리나라 제주도에서 귤이 재배되어 많이 수확하고 있다. 겨울은 청과물이 비교적 적고 비타민이 부족하기 쉬운데, 밀감은 비타민 C가 많아 겨울 과일의 왕이라고 할 수 있다.

귤_꽃

귤_잎

귤_수피

귤_열매

🍃 재배법

● **재배 환경** : 내한성이 약하기 때문에 온도와 햇빛이 가장 중요한 요소가 된다. 햇빛이 좋고, 깨끗한 공기, 물빠짐이 좋은 토양 등이 최적 조건이다. 따라서 우리나라의 경우 제주도 남쪽에서 많이 재배하였으나 최근에는 전라남도와 경상남도 남부 일부에서도 재배가 가능하다.

● **재배 방법** : 품종 육성이나 연구용이 아니면 거의 영양 번식을 하고 있다. 보통 우량 품질을 가진 나무에서 접수를 채취하여 접목(고접법)을 하는데 품종 갱신을 겸하여 하는 경우가 많다. 가정에서 취미로 재배하는 경우에는 묘목을 구입하여 3월 중순에서 4월 중순 정도까지 정원이나 화분 등에 심는다.

① 접목 후 일소 방지 : 봄에 접목하거나, 가을 접목이라도 봄에 접목한 윗부분을 잘라 버리면 중간대목의 주지 부분이 바로 직사광선에 노출된다. 이 부분이 직사광선을 받으면 온도가 상승하고 수세가 약한 나무 또는 수세가 좋아도 오후의 햇빛을 수직으로 받는 주지나 주간 부분은 껍질부분이 햇볕에 타서 일소를 일으키므로 이에 대한 방지에 힘써야 한다. 일소 방지는 굵은 가지 부분에 직사광선이 닿지 않도록 하여 온도 상승을 막아 주면 되므로 접목 직후에 중간 대목 부분에 석회유를 발라 준다.

② 순 꺼내기 : 접목 후 20일 쯤 지나 접수가 발아를 시작하면 발아 상태를 확인하여 감아 준 비닐테이프에 구멍을 뚫어 새순을 꺼내 주어야 한다. 이 작업이 늦으면 테이프 속에서 고온에 의해 죽어 버린다. 새순을 꺼내 주는 적기는 새순이 1~1.5cm 정도 자랐을 때이다. 이보다 빠르면 새순이 건조 피해로 마를 수 있고 빗물이 스며들어 아직 충분히 유합되지 않은 상태의 접수를 썩게 할 수도 있으므로 좋지 않다. 시기가 늦으면 능이 구부러지거나 꺼내면서 상처를 받아 자

람이 고르지 못하다. 감은 테이프는 이듬해 봄에 풀어준다 (건조 피해 방지).

③ 신초의 관리 : 접목 후 발아한 신초는 나중에 주지나 아주지가 되는 중요한 가지이므로 지주를 세워 신초의 자람 방향을 일정하게 잡아 주고 강한 바람 또는 제반 작업시 접목한 부분에서 탈락하지 않도록 주의하여 관리한다.

● **품종 갱신 후의 거름주기** : 품종 갱신을 할 때는 원래 있던 나무의 대부분이 잘려 나가고 결실량도 없기 때문에 시비량을 크게 줄여야 한다. 갱신 접목 후 첫해에는 생장량이 아무리 많아도 전체 시비량을 갱신 전의 2/3 정도 주는 것이 적당하다. 갱신 2년차부터는 나무의 자라는 상태에 따라 갱신전의 일반 시비량 정도까지 주면 된다. 특히 접목 갱신에서는 접목 후의 뿌리의 고사(枯死)가 수세의 회복을 늦게 하는 요인이므로 조기에 결실시키기 위해서는 접목 전보다는 접목 후에 유기물을 많이 주어 수세의 조기 회복에 힘써야 한다. 또한 신초의 생장 촉진과 미량 요소 결핍을 방지하기 위하여 엽면살포를 3~4회 실시하는 것도 좋다.

● **적과** : 고접수의 수세는 착엽수를 증가시켜 촉진시킬 수 있지만 그와 함께 결실량의 조절이 필요하다. 일반적으로 2년째까지는 전부 적과하여 결실을 시키지 않는 것이 수세 회복 및 차후의 수량 증대에도 도움이 된다. 2년째에 많은 결과를 시키면 결실에 따른 뿌리로의 양분 이동이 적어져서 뿌리의 회복이 안 되기 때문에 그 이후의 생산량이 매우 줄어든다.

병충해 예방법과 방제

● **병해**

○ 감귤부패병 : 감귤 수확 후 가장 문제가 되는 병으로 상처과

가 생기지 않도록 주의하며, 상처과는 저장해서는 안 된다.

○ 탄저병 : 건전한 열매나 잎에는 발생하지 않고 햇볕에 타거나, 제초제 또는 비료와의 접촉, 곤충에 의한 상처, 과숙한 열매나 저장 중에 주로 발생한다. 미숙과에는 발생치 않고 성숙기에 들어 가을비가 계속 내린 직후 무풍 상태로 강한 일사를 받으면 발생하는데 보통 9월 하순경부터 집중적으로 발생한다. 이 병의 방제는 마른가지의 전정 제거, 적정 착과를 위한 적과와 적과시 일사를 많이 받는 양광면 과실을 따 주고, 양광면 과실의 종이봉투를 씌우거나 탄산 칼슘제의 살포 등의 방법이 있다.

○ 기타 : 검은썩음병(흑부병), 감귤흰곰팡이병, 감귤균핵병, 감귤부패병, 더뎅이병(창가병), 검은점무늬병(흑점병), 궤양병, 잿빛곰팡이병(회색곰팡이병), 녹색곰팡이병, 축부병(軸腐病), 바이러스병 등이 있으며, 재배 관리를 철저히 하여 예방에 치중하고, 발병의 경우에는 등록 고시된 농약을 안전 사용 기

귤_ 열매(미성숙)

귤_ 열매(성숙)

준에 따라 사용하여 방제한다. 또한 접목 후 신초의 생장에 피해가 큰 병해충은 진딧물, 귤굴나방, 응애, 궤양병 등을 들 수 있는데 이들은 적기에 철저히 방제하는 것이 무엇보다도 중요하다. 특히 귤굴나방은 여름순 발생 시 철저히 방제하지 않으면 수관 확대 및 주지, 아주지 형성에도 지장이 많으므로 주의해야 한다.

느릅나무 (유백피) *Ulmus macrocarpa* Hance

- **식물명** : 왕느릅나무, 참느릅나무, 당느릅나무
- **학명** : *Ulmus macrocarpa* Hance
- **과명** : 느릅나무과(Ulmaceae)
- **별명**(이명, 속명) : 세엽랑유, 소엽유(小葉楡), 낭유피(郎楡皮), 추유피(秋楡皮)
- **생약명** : 유백피(楡白皮), 유근피(楡根皮), 낭유피(郎楡皮)
- **분포지** : 전국 산야의 계곡이나 물가, 냇가 근처, 마을 부근
- **번식법** : 실생법, 삽목법, 접목법
- **꽃 피는 시기** : 8~9월
- **채취 시기** : 봄, 가을
- **용도** : 약용, 관상용, 공업용
- **약용** : 종기, 항암, 치통, 위통, 창종, 이뇨

🍂 식물의 생김새와 특징

우리나라 중부 이남의 표고 50~1,100m에 주로 분포하며 특히 경기 이남의 냇가 근처에 생육하고 습기가 많은 계곡이나 하천변 등에서 잘 자란다.

낙엽활엽교목으로 높이가 10m 전후이며 줄기는 직립하고 작은 가지에 약간의 털이 있다. 나무의 껍질은 홍갈색으로 두꺼우며 잘게 갈라진다. 잎은 길이 3~5cm로, 타원형 혹은 타원상 도란형에 약간 두텁고 잎 가장자리에는 톱니가 나와 있다. 잎 앞면은 반들거리고 윤기가 있고 짙은 녹색이며 잎 뒷면은 어린잎으로 털

느릅나무_ 수형

느릅나무_ 잎(앞면)

느릅나무_ 잎(뒷면)

느릅나무_ 꽃

이 있으나 차츰 떨어지고 담녹색에 잎자루는 짧고 턱잎은 좁고 일찍 떨어져 버린다.

8~9월에 노란빛을 띤 갈색 꽃이 잎겨드랑이에서 피고 열매는 넓은 타원형의 시과(翅果)로 10~11월에 익는다. 재목은 신탄재(숯이나 땔감나무)로 쓰고 어린잎은 식용하기도 하며 뿌리껍질은 약재로 사용한다.

느릅나무의 종류는 여러 가지가 있으나 이들 나무는 열매 익는 시기와 껍질의 생김새만 다를 뿐 잎 모양이나 약으로의 쓰임새는 같다. 그중 참느릅나무와 둥근참느릅나무, 좀참느릅나무는 열매가 9~10월에 익고 당느릅나무, 혹느릅나무, 민느릅나무, 느릅나무 등은 4~5월에 익는다.

느릅나무의 껍질을 유피(楡皮) 또는 유백피(楡白皮)라 하며 특별히 뿌리껍질을 유근피(楡根皮)라고 하는데, 껍질이 상당히 질겨서 옛날에는 이 질긴 껍질을 꼬아서 밧줄이나 옷을 만들기도 했다. 아름답고 깔끔한 인상을 주는 나무로 느티나무와 닮았으며 산속의 물가나 계곡 근처에서 자란다.

유백피는 보통 약재로 쓰이는데 예로부터 위장병 치료에 널리 쓰여 왔으며 보리차 대용으로 둥굴레나 결명자 등을 끓여 마시듯 유백피도 차로 끓여 마실 수 있다. 유백피는 종창이나 종기의 치료에도 탁월한 효과가 있으며 불면증을 다스리고 이뇨 작용을 돕는 것으로 알려졌다.

열매 가공품은 무이(蕪荑)라고 하여 구충(驅蟲) 및 항균(抗菌) 등에 이용한다.

🍂 재배법

느릅나무는 양수(陽樹)이지만 반음지에서도 잘 자라고 습기가 많고 비옥한 계곡이나 하천변, 호숫가 또는 토심이 깊은 평지에 자생한다. 10월 하순경에 종자를 채취하여 잘 익은 종자만을 정선하고,

느릅나무_ 열매   느릅나무_ 수피

노천 매장하였다가 다음 해 봄에 파종한다. 공해와 추위에 잘 견디며 맹아력과 건조에 견디는 성질이 강하다. 종자와 삽목(꺾꽂이) 등으로 증식시킬 수 있으나 일반적으로 종자로 번식시킨다.

병충해 예방법과 방제

탄저병, 갈색무늬병, 흰가루병 등이 발생할 수 있다. 실생묘에 탄저병이 생기거나 또는 나무에 갈색무늬병이 발생하기 전에 석회보르도액을 뿌린다. 한여름에 발생하는 흰가루병에도 다이센이나 보르도액으로 방제한다. 등록 고시된 약제는 없다.

수확

5년 이상 된 나무의 줄기 및 가지를 줄기에 수액이 오르는 시기인 5~6얼에 껍질을 벗겨 채취한다. 잔가지를 제거하고 적당한 길이로 토막 내어 껍질을 벗긴 것을 작업장으로 옮겨 겉껍질(코르크층)을 제거하여 직각절단기로 1cm 크기로 썰어 말린다. 수분 함량 11% 이하가 되도록 말려 저장한다.

두충나무(두충) *Eucommia ulmoides* Oliv.

- **식물명** : 두충나무
- **학명** : *Eucommia ulmoides* Oliv.
- **과명** : 두충나무과(Eucommiaceae)
- **별명(이명, 속명)** : 두중(杜仲), 들중나무, 사선(思仙), 목면(木綿), 계면피(系綿皮)
- **생약명** : 두충(杜冲)
- **분포지** : 중국 원산으로 우리나라 경남 산청, 함양 등이 주산지
- **번식 법** : 3월 초~중순 파종
- **꽃 피는 시기** : 4~5월
- **채취 시기** : 차로 이용할 잎은 4월 중·하순경, 약재로 사용할 잎은 9월 하순, 수피(樹皮)는 심은 지 10년 이상 된 것으로 6월 상·중순
- **봉노** · 약용, 식용
- **약용** : 강압 작용(降壓作用), 보간신(補肝腎 : 간과 신을 보함), 장근골(壯筋骨 : 근육과 뼈를 튼튼하게 함), 안태(安胎 : 태아를 편안하게 함), 고혈압, 지혈, 이뇨, 고정(固精), 요슬(腰膝), 냉통(冷痛)

여러해살이 갈잎큰키나무로 잎은 어긋나며 타원형이고 끝은 날카롭다. 양면에 털이 거의 없으나 맥 위에는 잔털이 있으며, 가장자리에 예리한 톱니가 있고 잎자루는 길이 1cm 정도의 잔털이 있다. 꽃은 암수 딴 그루이며 화피가 없으며, 4월에 피고 수꽃은 화경과 4~10개의 수술이 있다. 암꽃은 짧은 화경이 있으며 새로 나온 가지 밑부분에 달린다. 자방이 갈라져서 암술머리로 된다. 열매는 10월~11월에 익으며 편평한 긴 타원형이고 날개가 있으며

두충나무_ 잎(앞면)

두충나무_ 잎(뒷면)

두충나무_ 종자

두충나무_ 열매

두충나무_ 수피

날개와 더불어 대를 제외한 길이가 3cm이고, 중앙부의 너비는 1cm이며, 대의 길이는 6mm 정도이다. 열매를 자르면 고무 같은 점질의 실이 나온다.

🦋 재배법

● **재배 적지** : 기후가 따뜻하고 습윤한 환경에서 잘 자라며 토심이 깊고 비옥한 충적토가 알맞다. 그러나 일조가 부족한 그늘이나 산성 토양은 바람직하지 않다.

● **파종 및 정식**

○ 번식 : 종자 번식과 녹지 삽목(꺾꽂이)법이 있다. 파종 시기는 3월 하순~4월 상순이다. 녹지 삽목(꺾꽂이)은 당년에 자란 가지가 굳은 다음 6월 말경에 꺾꽂이를 한다.

두충나무_ 수형

○ 파종 : 너비 150cm의 두둑을 만들고 20cm의 줄 사이에 깊이 2~3cm의 골을 만들어 15cm 간격으로 점뿌림한다. 노천 매장한 것은 눈이 튼튼한 것만 파종하고, 파종 후 짚이나 마른 풀을 덮어 준다.

○ 식재 : 1년 육묘한 것을 정식하며 예정 수확 시기 및 목적에 따라 거리를 달리하나 대체적으로 이랑 너비 2~3m, 포기 사이 1m 정도로 심는다.

● **거름주기** : 심는 거리가 정해지면 깊이 45cm, 너비 50cm정도로 구덩이를 판다. 구덩이마다 잘썩은 퇴비 4kg, 요소 60g, 용과린 또는 용인 70g, 염화칼리 30g을 겉흙과 잘 섞어넣고, 뿌리가 비료에 직접 닿지 않게 흙을 약간 덮은 다음 묘목을 심는다. 심은 후 2년부터는 뿌리가 활동하는 이른 봄에 산림용 고형비료 4개 (60g)를 나무 주위에 묻어준다. 나무가 자라면서 시비량을 늘려 주는데 큰 나무는 10a당 퇴비 1,200~1,500kg, 질소 8~12kg, 인산 8~12kg, 칼리 4~6kg을 봄이나 가을에 주고 산성이 강한 땅에는 석회질비료 50kg을 추가한다.

두충_ 수피(거피)

두충_ 탄저병

주요 관리

○ 아주심은 후 2~3년까지는 나무 주위에 김매기와 사이갈이를 철저히 해 주고, 4년차 이후는 풀이 나면 낫으로 베어서 나무 밑에 깔아 준다.

○ 병해충 방제 : 근부병, 엽고병, 심식충 등이 있으나 큰 피해는 없다.

수확 및 가공 : 심은 지 10년 이상 된 나무에서 수액 유동이 왕성한 5~6월에 줄기껍질을 채취하여 주피(겉껍질)를 제거한 다음, 직각 절단기로 썰어 햇볕 또는 건조기로 말린다. 가지와 줄기 등의 이물질이 5.0% 이상 혼입되지 않아야 한다.

병충해 예방법과 방제

병해 : 간혹 갈색무늬병과 탄저병이 걸릴 수 있으나 크게 문제되지는 않고, 등록 고시된 농약도 없다. 그밖에 병해는 크게 문제 되는 것이 없으나 배수 불량지에서는 뿌리가 썩어 죽는 경우가 있으므로 배수가 잘 되도록 관리한다. 해충으로는 육묘상에서 어린 묘의 줄기나 잎을 가해하는 토양 해충 피해가 있으므로 파종 전 토양 소독을 철저히 한다.

대추나무 (대조) *Zizyphus jujuba* var. *inermis* (Bunge) Rehder

- **식물명** : 대추나무
- **학명** : *Zizyphus jujuba* var. *inermis* (Bunge) Rehder
- **과명** : 갈매나무과(Rhamnaceae)
- **별명**(이명. 속명) : 건조(乾棗), 홍조(紅棗), 미조(美棗), 양조(良棗), 흑조(黑棗)
- **생약명** : 대조(大棗)
- **분포지** : 전국 각지 촌락의 인가 근처
- **번식법** : 접목
- **꽃 피는 시기** : 6월
- **채취 시기** : 9월
- **용도** : 약용, 식용
- **약용** : 불면증, 번갈, 흉통

🦋 식물의 생김새와 특징

갈매나무과에 속하는 낙엽 소교목인 대추나무의 붉게 성숙한 열매를 채취하여 건조한 것이다. 유럽 또는 아시아가 원산지인데 우리나라, 중국, 일본 등의 각지에 분포하며 우리나라에서는 대개 촌락의 인가 근처에 식재하고 있다. 나무에는 변형가시가 있으며 잎은 달걀 모양이고 끝은 날카롭고 거치가 있으며 잎 면에는 세 갈래의 맥이 있다. 6월경에 황록색의 작은 꽃이 피고 열매는

대추나무_ 꽃

대추나무_ 꽃(확대)

대추나무_ 새순

대추나무_ 잎

대추나무_ 열매(미성숙)

대추나무_ 열매(성숙)

굳은 씨열매로 구형 또는 장타원형이며 9월에 홍숙하여 밤색을 띠고 광택이 있다. 조목(棗木)이라고도 하고 열매의 색이 붉다 하여 홍조(紅棗)라고도 한다. 줄기는 가늘고 길며 가시가 있는데 마디 위에 작은 가시가 다발로 난다. 목질이 단단하다. 잎이 나와서 열매를 맺을 때까지 걸리는 기간을 비교할 때, 다른 나무에 비해 제일 늦게 싹이 트지만, 열매는 제일 먼저 먹는다. 유사종인 멧대추는 대추의 원종이다. 열매인 대추를 조(棗), 대조(大棗), 목밀(木蜜)이라고도 한다. 식용과 약용으로 모두 이용된다. 우리나라에서는 보은 지방의 대추가 유명한데, '삼복에 비가 오면 보은 처녀의 눈물이 비오듯이 쏟아진다'는 말이 전해질 정도이다. 개화·결실기에 비가 많이 오면 대추 수확이 흉작이 되어 혼수 비용을 마련할 수가 없기 때문이다.

재배법

- **재배 환경** : 햇빛이 좋고, 토양이 비옥하며, 배수가 잘 되는 곳에서 잘 자란다. 특히 고온과 과습은 매우 불리하다. 전남, 경남과 제주도 및 남부 섬 지방에서는 대추 재배지가 거의 없는데, 이

는 남부 지방일수록 강수량이 많고 장마기와 개화기가 겹쳐 결실에 장해가 되기 때문에 재배를 안 하는 것으로 생각된다. 내한성은 영하 27℃로서 이보다 더 추운 곳에서는 재배할 수 없다.

- **번식 방법** : 종자로 번식하는 실생법과 뿌리에서 나온 흡지를 포기나누기에 의해서 번식시키는 분주법, 대목을 양성하여 우량 품종을 접목하는 접목법, 뿌리나 가지를 이용한 삽목법 등이 있으나 실생법은 품종 육성이나 연구 목적 외에는 거의 사용하지 않는다. 접목법이 대추나무 번식에 가장 일반적이고 많이 하는 번식 방법이다.
  - 실생법 : 씨는 대추를 수확한 후 과육을 제거한 후 즉시 노천 매장한 다음 이듬해 4월 중순경 캐내서 파종하고 발아하면 1년쯤 제자리에서 키운다. 장마직후 퇴비와 속효성 질소질 비료를 주면 15~20cm 정도 자라며 1년에 30cm 정도 생장하게 된다. 실생 번식한 것은 7~8년이 지나야 수확이 가능하다.
  - 분주법 : 실생법은 결실기까지 많은 시간을 요하고 형질 유지가 안 되므로 분주법을 이용하는데 결실까지 4~5년 정도 소요된다.
  - 접목법 : 일시에 많은 묘목을 생산할 수 있으며 변이가 적고, 결실까지 2~3년 정도로 짧다는 장점이 있기 때문에 접목법을 많이 이용한다. 그렇지만 추위에 견디는 내한성과 병에 견디는 내병성이 떨어지고 수명이 짧으며, 수형이 나쁘고 나무의 재질이 나쁜 결점이 있다.

- **순지르기** : 새순이 올라오면 주가지만 남기고 2cm 미만 끝을 잘라 순치시키고 새순이 올라오면 3~4마디에서 순지르기를 해 준다.

- **거름주기** : 거름이 매우 중요하다. 완숙 퇴비 중심으로 충분히 주어야 좋은 결실을 맺을 수 있다.

- **수분수 혼식** : 대추는 단위 결실성이 있어서 한 품종만 심더라도 결실은 가능하나 단위 결실된 과실은 핵 안에 인이 들어 있지 않고 과실이 비교적 작으며 낙과가 심한 경향이 있으므로 주품종의 20% 정도의 수분수를 심는 것이 좋은데, 수분수는 주품종과 개화기가 같은 품종이라야 한다. 보통 주품종 4열에 수분수 1열의 비율로 심는다.

- **재식 거리** : 재식 초기에는 10a당 42주(4m×6m)~62주(4m×4m)를 심었다가 10년쯤 후 인접나무와 맞닿을 정도 자라면 간벌하여 10a당 21주(8m×6m)가 되게 한다.

- **식재 후 관리** : 재생력이 강하고 묘목 고사율이 비교적 낮지만, 이식 당년에는 새 가지의 생장이 거의 이루어지지 않는다. 이에 반하여 묘목 재식 당년부터 꽃이 피고 열매가 열리는 나무가 많으므로 심은 지 2년까지는 적과를 철저히 하고 대목 부위에서 발생하는 싹눈을 여러 차례 제거하여 나무의 세력을 왕성하게 관리해 주어야 한다.

병충해 예방법과 방제

가장 위험한 병으로는 마이코플라스마유사체에 의한 빗자루병이 있다. 마이코플라스마를 매개하는 마름무늬매미충을 비롯하여 매미충류의 방제에 힘을 기울여야 한다. 그 밖에도 줄기썩음병, 탄저병, 녹병, 잎마름병, 세균성반점병 등이 있고 해충으로는 사과잎말이나방, 사과진딧물, 사과하늘소, 박쥐나방 등이 있으나 해충은 수량에 치명적 영향을 미치지는 않는다. 병해의 경우에는 고시된 농약을 적기에 사용하여 방제하는 것이 좋다.

매실나무 (오매)

Prunus mume (Siebold) Siebold & Zucc.

- **식물명** : 매실나무(비추천명 : 매화나무)
- **학명** : *Prunus mume* (Siebold) Siebold & Zucc.
- **과명** : 장미과(Rosaceae)
- **별명**(이명, 속명) : 청매, 천지매, 메설낭, 청매, 천지매, 메설낭
- **생약명** : 오매(烏梅), 매근(梅根), 매경(梅梗)
- **분포지** : 충청도 이남(전남, 경남이 주산지)
- **번식법** : 종자 번식
- **꽃 피는 시기** : 3~4월(남부 지방은 2~3월)
- **채취 시기** : 5~6월(씨가 딱딱하게 익은 다음)
- **용도** : 약용, 식용
- **약봉** : 수렴, 해닐, 신해, 서남, 앙균, 무좀, 이실, 복통, 시사, 징장

중남부 지방에 분포하며, 낙엽활엽교목이고 씨앗으로 번식한다. 높이 4~5m 정도로 가지가 많이 갈라지고 작은 가지는 초록색이다. 잎은 어긋나며 길이 4~10cm 정도의 달걀 모양으로 가장자리에 작고 예리한 톱니가 있다.

꽃은 3~4월(남부 지방은 2~3월)경에 잎보다 먼저 피는데, 작은 가지에 흰색 또는 아주 연한 붉은빛을 띠는 꽃이 1~3개씩 달리며 꽃자루가 없다.

매실은 매실나무의 열매를 말하며 장미과에 속하는 핵과류로서

매실나무_ 꽃

매실나무_ 꽃(확대)

매실나무_ 잎

매실나무_ 수피

매실나무_ 열매(낙화 직후)　　　　　매실나무_ 열매(성숙)

자두, 살구 등과 아주 가까운 과수이다. 원산지는 아시아의 동부 온난한 지방으로 우리나라, 중국, 일본 등에 야생종이 분포하고 있다. 3000년 전의 중국 고서인 『신농본초경』에 백매(과실절임), 오매(과실화건)라 하여 매실의 탁월한 약효를 기록하고 있다.

🌿 재배법

묘목의 이식은 낙엽이 진 후부터 꽃이 필 때까지 행한다. 꽃은 짧은 가지에 피기 때문에 쓸데없이 긴 가지는 정리해 준다. 큰 나무는 뿌리돌림을 해야 하고 이식 직전에 가지치기를 하여 활착 후 줄기로부터 새로운 가지가 자라나게 하는 방법을 쓴다.

자가수분을 싫어하기 때문에 반드시 수분수(受粉樹)로 다른 종류를 2그루 이상 심는 것이 중요하다.

종자로 번식을 하면 변이가 심하여 종자 고유의 특성을 유지하기 어려우므로, 매실 수확을 목적으로 하는 경우에는 대부분 종자를 파종한 후 대목으로 이용하고, 품질이 좋은 품종을 접목하는 방법으로 번식을 하는데, 파종용 종자는 6월에 수확한 매실의 과육을 제거하고 종자를 모래 속에 묻어 두었다가 이듬해 봄에 파종한다. 묘목을 심어 배양해 두었다가 좋은 품종의 매실 접수를 구입하여 접을 붙이는데 6월에서 8월 사이에 눈접을 하면 좋고 접이 되고 나면 이듬해 봄에 묶었던 비닐을 풀러 준 다음 접붙인 바로 윗부분을 절단하여 접아가 자라게 한다. 대개 2~3년 정도 기르면 꽃이 피기 시작한다.

거름주기는 퇴비, 낙엽, 유박, 초목회 같은 것을 사용하고 매년 봄과 가을에 2회 정도 유박, 초목회 혹은 복합비료 등을 시비하면 좋다.

🦋 병충해 예방법과 방제

식재 초기의 어린 나무에서는 4월 중·하순에 진딧물과 세균성구멍병이 있으며, 5월 중순에는 복숭아순나방과 매실애기잎말이나방, 6월 초~중순에는 복숭아순나방과 노랑쐐기나방, 7월 중순~8월 하순에는 복숭아유리나방, 복숭아순나방 등의 발생이 많으니 적용 약제를 이용하여 적기에 방제를 해 주어야 건강한 성목(成木)으로 키울 수 있다.

또한 착과가 되는 성목기의 월동 기간에는 깍지벌레가 중요한 월동 병해충이며, 2월 하순~3월 초까지는 고약병, 세균성구멍병, 깍지벌레, 흑성병, 잿빛곰팡이병 등의 가공 세균성 병의 방제에 노력해야 한다.

생육 기간인 4월 중순~6월 상순까지는 세균성구멍병, 흑성병, 진딧물, 나방류, 잿빛곰팡이병 등을 적용 약제를 이용하여 적기에 방제해 주어야 하고, 수확 후기인 7월 중순~8월 하순까지는 복숭아 유리나방과 복숭아순나방 등의 방제에 노력해야 한다.

모과나무 (모과)

Chaenomeles sinensis (Thouin) Koehne

- **식물명** : 모과나무
- **학명** : *Chaenomeles sinensis* (Thouin) Koehne
- **과명** : 장미과(Rosaceae)
- **별명**(이명, 속명) : 모개, 목저(木杵), 목계(木季), 보개(保介), 해당(海棠)
- **생약명** : 모과(木瓜)
- **분포지** : 중국 원산으로 열대 지역을 제외한 세계 곳곳
- **번식법** : 3~4월 파종
- **꽃 피는 시기** : 5월
- **채취 시기** : 가을(10~11월)에 서리가 내린 뒤[보통 상강(霜降) 절기가 지난 뒤]
- **용도** : 약용, 식용
- **약용** : 청간(淸肝 : 간 기운을 맑게 함), 화위(和胃 : 위의 기를 조화롭게 함), 제습(除濕), 조혈(造血)

여러해살이 갈잎큰키나무로 높이가 10m 정도 되며 가지는 자갈색으로 윤기가 있다. 잎은 호생(互生 : 어긋나기)하고 타원형이며 어릴 때는 선모가 있다. 잎은 어긋나기를 하고 도란형(倒卵形 : 거꿀 달걀 모양) 또는 타원형이다. 꽃은 5월에 피며 지름 2.5~3cm로서 연한 홍색이고, 수술은 20개이며 암술머리는 5개로 갈라진다. 꽃잎과 꽃받침은 각각 5장이다. 열매는 원형 또는 타원형이다. 열

모과나무_ 꽃

모과나무_ 수피

모과나무_ 잎(앞면)

모과나무_ 잎(뒷면)

280

모과나무_ 열매(미성숙)　　　　모과나무_ 열매(성숙)

매는 지름 8~15cm로서 목질이 발달하며 9월에 황색으로 익으며 향기가 있고 종자는 흑갈색이다. 수피는 회록갈색으로 평활하며 조각으로 떨어지면 회색 자국이 남는다.

🍃 재배법

💧 **재배 적지** : 따뜻하고 습윤한 기후가 좋다. 양수성이며 뿌리는 천근성이다. 겨울이 매우 추운 곳에서는 봄철에 서리 피해가 많아 해거리 현상이 잦다.

💧 **번식 및 정식**

○ 채종 : 서리가 내린 뒤 늦은 가을에 열매가 황색으로 잘 익은 열매를 채취하여 갈라서 종자를 꺼낸 뒤 물에 씻는다. 종자의 건조를 막기 위해 젖은 모래와 섞어 이듬해 봄까지 저온 저장하거나 축축하게 습기 있는 땅에 묻어 노천매장을 한다.

○ 번식 : 종자 번식, 삽목(꺾꽂이) 번식, 접목 번식을 한다. 종자는 3~4월 또는 11월에 직파한다. 파종하기 전에 2~3일간 물에 불려서 끈끈한 점액질을 씻어 발아 억제 물질을 없앤다.

○ 삽목(꺾꽂이) 번식 : 봄 삽목(꺾꽂이)은 맹아지 등 수세가 좋은 것을 고르고 당년에 자란 가지를 이용한다. 삽수 길이는 10~15cm 정도로 하며, 여름 삽목(꺾꽂이)의 경우 잎을 몇 장 남겨 둔다. 꺾꽂이 시기는 3월 중하순, 6월 하순~7월 상순에 한다. 정식은 3~4월에 1m²당 2본 정도로 심는다.

● **주요 관리** : 광선이 많이 필요하고, −20℃까지 월동할 수 있으며, 16~30℃의 온도에서 잘 생육한다. 병해로는 녹병과 적성병을 주의하고, 충해로는 진딧물이 많이 발생한다.

● **수확 및 가공** : 가을(10~11월)에 성숙한 과실을 잘라서 햇볕에 빨갛게 될 때까지 햇볕에 말린다. 햇볕에 말리고 밤이슬이나 서리를 맞히면 색이 더욱 산뜻해지고 진해진다. 원반 절단기로 1~2cm를 1차 절단하고, 직각절단기로 7~10mm 두께로 2차 절단하여 건조 감량 17.0% 이하로 말린다.

병충해 예방법과 방제

잎마름병에 주의하며 진딧물 등의 충해가 발생하면 방제를 해 주어야 한다.

복분자딸기 *Rubus coreanus* Miq.
(복분자)

- **식물명** : 복분자딸기
- **학명** : *Rubus coreanus* Miq.
- **과명** : 장미과(Rosaceae)
- **별명**(이명, 속명) : 결분(缺盆), 대맥매(大脈苺), 소탁반(小托盤), 수매(樹苺)
- **생약명** : 복분자(覆盆子)
- **분포지** : 일본, 대만, 중국, 오스트리아와 우리나라 중남부 지방의 산계곡, 황해도 이남 산기슭
- **번식법** : 삽목
- **꽃 피는 시기** : 5~6월
- **채취 시기** : 6~7월(미숙과), 7~8월(성숙과)
- **용도** : 약용, 식용
- **약용** : 강장(强壯), 강정(强精), 보간신(補肝腎), 축소변(縮小便), 명목(明目)

🍃 식물의 생김새와 특징

갈잎떨기나무로 2~3m쯤 자라며, 새로 움이 나오는 가지에는 백색의 분이 있다. 가지의 끝이 구부러져 땅에 닿으면 뿌리가 난다.

잎은 어긋나고 우상(羽狀 : 깃꼴)복엽이며, 소엽은 난형 또는 타원형이고 톱니가 있으며 끝이 뾰족하다. 잎의 길이가 3~7cm로 불규칙한 예거치가 있으나 거의 없어지고 나중에는 뒷면의 맥상에만 약간 남는다. 줄기는 자줏빛이 돌며 갈고리 같은 가시가 있다. 5~6월에 담홍색 꽃이 피며 산방화서이다. 7~8월에 열매가 성숙하면 색이 적색에서 흑색으로 변하며 맛은 달고 시다.

복분자딸기_ 꽃

복분자딸기_ 지상부

복분자딸기_ 잎

복분자딸기_ 줄기

복분자딸기_ 재배밭

🍂 재배법

🔸 **재배 적지** : 토질은 표토가 깊은 사질 양토로서 유기질이 많고 배수가 잘 되는 동시에 보수력이 좋은 땅에 적합하다. 토양에 대한 적응 범위는 넓고 산성 땅에 강하다.

🔸 **번식**

  ○ 번식 : 그루 밑에서 나오는 분얼지로 번식한다. 가지를 땅에 묻어서 뿌리를 나게 한 후 잘라서 정식할 수도 있고, 가을에 당년생의 새 가지를 잘라서 땅에 묻어 두었다가 봄에 꺾꽂이를 하면 쉽게 발근한다. 굵기 1cm 정도의 뿌리를 10cm 길이로 잘라 깊게 꽂으면 발근이 잘 된다. 종자는 노천매장하거나, 진한 황산에 60분간 처리하여 심기도 한다.

  ○ 시비량 : 10a당 퇴비 750~1,500kg, 질소 11kg, 인산 8kg, 칼리 11kg을 시용한다.

🔸 **주요 관리** : 잎에 갈반병이 생기는데, 발아 직후에 석회보르도액을 뿌려 방지한다.

복분자딸기_ 열매(낙화 직후)

복분자딸기_ 열매(미성숙)

복분자딸기_ 열매(성숙)

복분자딸기_ 약재(건조열매)

♦ 수확 및 가공

약재로 쓸 열매는 꽃이 피고 난 후 종자가 익기 전에 채취하여 끓는 물에 1~2분간 담갔다가 햇볕에 건조 감량 17% 이하로 말린다. 담금용 또는 생과용의 수확은 6~7월경 열매가 충분히 익어서 과육이 물러지고 빛깔이 충분히 착색된 다음 딴다. 시기가 너무 늦으면 물러져 자연 낙과된다 .

병충해 예방법과 방제

♦ **병해** : 잎에 갈반병이 생기는데 발아 직후에 석회보르도액을 뿌려 방제한다.

산사나무 *Crataegus pinnatifida* Bunge
(산사)

- **식물명** : 산사나무
- **학명** : *Crataegus pinnatifida* Bunge
- **과명** : 장미과(Rosaceae)
- **별명**(이명, 속명) : 홍과(紅果), 산리홍(山里紅), 아그배나무, 돌배나무, 찔배나무
- **생약명** : 산사(山楂)
- **분포지** : 일본, 만주, 중국, 아무르, 시베리아와 우리나라 강원도 및 충북, 경기 북부 지방, 전북, 경북 이북
- **번식법** : 종자 번식
- **꽃 피는 시기** : 5월
- **채취 시기** : 9~10월
- **용도** : 약용, 식용
- **약용** : 식적(食積 : 음식을 먹고 체한 것)을 없애고 건위(健胃 : 위를 튼튼하게 함), 산어혈(散瘀血 : 어혈을 흩어지게 함), 소화 촉진, 촌충구제, 항균, 강장(强壯), 콜레스테롤 저하

🍂 식물의 생김새와 특징

우리나라 각처의 개울 둑이나 마을부근에 나는 갈잎큰키나무로
키는 6m이며 가지에 가시가 없지만 때로 있는 것도 있다. 잎은
어긋나며 난형 깃 모양으로 얕게 갈라지고, 가장자리에 거친 톱
니가 있다. 잎의 뒷면은 짙은 녹색, 뒷면은 노란빛을 띤 연두색
이며 양면의 맥 위에는 털이 있고 탁엽은 크며 거치가 있다. 꽃
은 흰색이고 지름 1.8cm가량이며 산방화서를 이룬다. 꽃은 5수성

산사나무_ 꽃

산사나무_ 잎

산사나무_ 수형

산사나무_ 수피

이며, 수술은 20여 개이고 꽃밥은 붉은색이다. 열매는 이과로 붉은색이며 둥근 모양이다. 지름은 1.5cm가량인데 희거나 밤색의 점이 있는 붉은색이고 3~4개의 씨가 들어 있다. 개화기는 5월이며 결실기는 9~10월이다.

🦋 재배법

- **재배 적지** : 볕이 잘 드는 곳. 배수가 잘 되는 사질 양토가 가장 적합하고 부식질이 많은 자갈이 섞인 토양 등 비옥지에서도 잘 자란다.

- **번식 및 정식**
  - 번식 : 종자 번식, 분주(分株 : 포기나누기) 번식 방법이 있다. 과육을 제거한 종자는 22~27℃ 되는 곳에 3~4주간 묻어 두었다가 3~4개월간 온도가 낮고 축축한 곳에 보관한 후 봄에 파종한다. 마른 씨는 진한 황산에 30분~2시간 정도 침지한 뒤 반드시 건조시킨 후 파종한다.
  - 정식 시기 : 분주(포기나누기)하여 심는 시기는 3~4월과 10~11월이다.

산사나무_ 열매(미성숙)

산사나무_ 열매(성숙)

○ 재식 거리 : 일반 사과원을 기준하여 심으며, 이랑 너비 4m에 포기 사이 3m 간격으로 심는다.

주요 관리

○ 전정 : 잎이 없는 시기에 가지 솎기를 하며 햇볕이 나무 속까지 고루 받을 수 있도록 한다.

○ 병충해 : 깍지벌레, 진딧물, 응애를 방제한다.

수확 및 가공 : 가을에 열매가 성숙하였을 때 수확한 후 두께 1.5~3mm 정도로 얇게 가로로 썰어서 햇볕에 말린다. 또는 수확한 후 그대로 햇볕에 말리거나 눌러서 둥글납작한 떡 모양으로 만들어 건조한다. 잡물을 제거하고 체로 쳐서 핵(씨앗)을 제거한다.

병충해 예방법과 방제

깍지벌레, 진딧물, 응애 등의 피해가 있으며, 적용 약제를 이용하여 방제한다.

오미자

Schisandra chinensis (Turcz.) Baill.

- **식물명** : 오미자(五味子)
- **학명** : *Schisandra chinensis* (Turcz.) Baill.
- **과명** : 오미자과(Schisandraceae)
- **별명**(이명, 속명) : 북오미자, 산화초, 문합(文蛤), 경저(莖藷), 오매자(五梅子)
- **생약명** : 오미자(五味子)
- **분포지** : 전국 각지
- **번식법** : 2~3월경 종자 파종, 봄에 삽목 또는 분주 · 이식
- **꽃 피는 시기** : 6~7월
- **채취 시기** : 가을
- **용도** : 약용(과실), 식용(과실)
- **약용** : 기침, 해수, 유정(遺精), 구갈(口渴), 도한(盜汗), 급성 간염, 항균, 자양, 강장

오미자과에 속하는 덩굴성 낙엽활엽수로 전국의 표고 200~1,600m 사이의 산골짜기에서 자라며 다른 나무를 기어오르는 성질이 있다. 잎은 어긋나기를 하며 길이 7~10cm, 너비 3~5cm이다. 또한 도란형(달걀을 거꾸로 세운 모양)의 잎은 끝이 급하게 뾰족하고 치아 모양의 톱니(거치)가 있다. 잎 뒷면에는 약간의 털이 있고 꽃은 홍백색으로 6~7월에 핀다. 둥근 열매는 장과(漿果)이며 홍색이고 이삭 모양으로 여러 개가 달리며 9월에 붉게 익는데 1~2개의 홍갈색 종자가 들어 있다. 이 열매를 약용으로 쓰는 것이다. 중국, 일본, 대만 등과 우리나라 전역의 산야에 많이 자생한다.

독특한 방향(芳香)과 신맛이 특징인 열매에는 신맛, 단맛, 쓴맛, 짠맛, 매운맛의 5가지 맛이 함께 들어 있어 오미자라고 하며 약용으로 사용한다. 껍질은 달콤하고 살은 시며 씨는 맵고 쓰고 떫은

오미자_ 암꽃

오미자_ 수꽃

오미자_ 잎

오미자_ 열매

맛이 나는데, 잘 익은 열매는 단맛이 있고 독특한 향기가 난다. 이 것을 합한 맛이 아주 좋기 때문에 사람들이 산에 올라가서 즐겨 따 먹기도 한다.

오미자는 우리나라 산(産)이 제일 우량하고 약용으로서도 효과가 좋다. 오미자로 만드는 음식으로는 오미자 국, 오미자 편, 오미자 화채, 오미자 차, 오미자 술 등이 있는데 근래에 와서 오미자 술이 상당히 인기를 끌고 있다.

🌿 재배법

오미자는 천근성(뿌리가 얕게 들어가는 성질) 식물이면서 뿌리가 가는 편이므로 물빠짐이 좋고 습기 유지가 잘 되며 유기물 함량이 많은 사질 양토나 양토가 재배에 적합하다. 따라서 건조되기 쉬운 곳에서는 짚, 낙엽 등을 덮어 주어 수분을 유지시키는 것이 좋다. 번식은 실생, 포기나누기, 뿌리나누기, 꺾꽂이 및 접목으로 가능한데, 꺾꽂이는 발근율이 낮고 종자 번식은 수확까지 오랜 시간이 걸리는 단점이 있다. 그러나 대량 증식이 가능하고 대목으로 할 수 있으므로 실제로는 종자를 이용한 실생 번식이 많이 쓰이고 있다.

🔴 **품종** : 농가 단위에서 우량 형질을 가진 개체들을 선발하여 자

오미자_ 재배밭(아취식)

오미자_ 재배밭(울타리식)

체적으로 보급하고 있는 실정이다. 약용으로 재배하고자 할 때는 남오미자나 흑오미자를 재배해서는 안 되고 반드시 오미자(구분하기 위하여 북오미자라고 부르기도 함. 일본에서는 조선오미자라고도 함)를 재배해야 한다. 암꽃과 수꽃이 따로 피는데 암꽃이 많이 피는 개체를 선발하여 심어야 수량이 높다.

- **채종** : 병해충의 피해가 없는 튼튼한 모주에 한 송이의 무게가 10g 이상이며, 과실이 20립 이상의 대과형 개체를 선택하고, 종자의 성숙기가 비슷한 나무를 선택하여 채취하는 것이 재배 관리하기에 좋다.

- **휴면 타파** : 휴면성이 있어서 종자를 채취하여 상온에 저장하였다가 파종하면 발아가 되지 않는다. 보통 노천 매장법이나 5℃ 저온 처리법으로 휴면을 타파하여 파종해야 한다.

- **파종 방법** : 발아 후 생육 기간을 고려하여 파종 시기는 3월 하순~4월 상순에 한다. 먼저 육묘상을 만들고(폭 120cm, 줄 간격 15cm, 파종 간격 5cm) 1cm 깊이로 점파를 하고 파종 후에는 볏짚으로 피복하여 보습, 보온 및 잡초 발생을 억제한다. 1년생 묘의 묘 직경이 3mm 정도이면 본밭 정식 묘로 적당하다.

- **식재** : 실생묘나 분주한 묘의 정식은 가을(10월 중순~11월 상순)과 봄(3월 중~하순)이다. 일반적으로 1mm 이랑에 포기 사이 1.2m로 심는다. 덕식으로 심을 때는 포기사이를 30~40cm로 심는다.

- **주요 관리법** : 재식 당년에는 밑거름과 웃거름을 충분히 주고 정식 후에 물을 충분히 준 다음 검정 비닐을 덮어 주면 수분 유지 및 잡초 방제에 도움이 된다. 덩굴성이므로 지주를 세워 주는데 울타리식, 덕식, 하우스식, 아취식 등 다양한 방법을 이용할 수 있다. 특히 통풍이 잘 되어야 각종 병해충의 발생을 예방할 수 있다.

- **낙과 방지** : 낙과의 원인은 여러 가지가 있지만 과습과 일조 부족, 토양의 배수성과 통기 부족, 양분 결핍(특히 마그네슘, 붕소) 등의 원인이 크므로 이에 대한 대비가 필요하다. 석회고토, 황산마그네슘, 붕소 등을 시용하도록 한다.

- **수확 및 가공** : 수확은 2년째부터 가능하지만 성과기가 되려면 3년은 되어야 한다. 중생종과 만생종이 있는데 대개 9월 상순~10월 하순까지가 숙기이다. 보통 개화 후 120~125일이 경과하여 과피가 적색으로 변하고 과립이 말랑말랑하게 될 때 맑은 날을 골라 수확하여 말린다. 건조하는 동안 부패하는 것을 방지하기 위하여 자연 건조보다 건조기를 이용한 건조가 효율적이다. 보통 40~60℃에서 수분 함량 25% 이하로 건조시키는데 24~72시간이면 족하다. 온도가 너무 높으면 오미자가 흑변하여 상품 가치가 떨어지므로 주의해야 한다.

- **수확량** : 생근으로 900kg/10a/5년생, 건근으로 300kg/10a/5년생

병충해 예방법과 방제

- **병해** : 주요 병해는 점무늬병, 탄저병, 과실부패병(푸른곰팡이병), 흰가루병 등인데 주로 세력이 약한 포장과 과도하게 많은 결실이 되는 과원에서 병해 발생이 많다. 따라서 지나치게 무성해지지 않도록 적당히 가지 치기를 하여 통풍을 좋게 하고 수세를 강하게 하며, 적정량의 결실이 되도록 한다. 병해 발생 초기 펜뷰코나졸이나 헥사코나졸 수화제, 기타 등록 고시된 약제를 살포해 주면 좋다.

- **충해** : 주요 충해로는 뽕나무깍지벌레, 응애, 남방쐐기나방, 깜보라노린재 등이 있으며 발생 초기 고시된 적용 약제를 살포하여 방제한다.

유자나무 *Citrus junos* Siebold ex Tanaka
(유자)

- **식물명** : 유자나무(비추천명 : 산유자나무)
- **학명** : *Citrus junos* Siebold ex Tanaka
- **과명** : 운향과(Rutaceae)
- **별명**(이명, 속명) : 등자(橙子), 곡곡(鵠穀), 금구(金球), 금등(金橙), 황등(黃橙)
- **생약명** : 유자(柚子)
- **분포지** : 우리나라 전남 등 남부 지방과 중국, 일본
- **번식법** : 3월 상순 파종
- **꽃 피는 시기** : 5월 하순 ~ 6월 초순
- **채취 시기** : 10~11월
- **용도** : 약용, 식용
- **약용** : 진토(鎭吐), 행기(行氣), 해독(解毒), 소영(消癭)

일본목련(후박) *Magnolia obovata* Thunb.

- **식물명** : 일본목련
- **학명** : 일본목련(*Magnolia obovata* Thunb.),
  후박(*Magnolia officinalis* Rehder et Wilson),
  요엽후박(*Magnolia officinalis* var. *biloba* Rehder et Wilson)
- **과명** : 목련과(Magnoliaceae)
- **별명**(이명, 속명) : 후피(厚皮), 중피(重皮), 천박(川朴), 적박(赤朴)
- **생약명** : 후박(厚朴)
- **분포지** : 우리나라 전국의 산기슭, 특히 전남의 섬 지방이나 해안
- **번식법** : 3월 하순~4월 상순 파종
- **꽃 피는 시기** : 5~6월
- **채취 시기** : 여름 하지 전
- **용도** : 약용
- **약용** : 소화 불량, 건위, 흉복비만, 복통, 구토, 해수, 설사, 거담, 이뇨

🦋 식물의 생김새와 특징

『대한약전』에 따르면 후박은 목련과의 낙엽교목인 일본목련(*M. obovata*), 후박(*M. officinalis*), 요엽후박(*M. officinalis var. biloba*)의 수피(樹皮)를 기원으로 한다.

🔻 일본목련(*M. obovata*)

일본목련은 다년생 낙엽교목으로서 '향목련'이라고도 하며 높이가 20m까지 자라고 줄기껍질은 회백색이며, 잎은 새로 나온 가지 끝에 모여서 어긋나게 난다. 꽃은 5~6월에 잎이 나온 다음 가지 끝에 1개씩 달리는데, 연한 누런빛이 도는 흰색이다.

일본목련_ 꽃

일본목련_ 생육 초기

일본목련_ 열매(미성숙)

일본목련_ 열매(성숙)

302

약재로 쓰는 것은 여름 하지 전에 20년 이상 자란 나무의 껍질을 벗겨 말린 것으로 맛은 맵고 쓰며 성질은 따뜻하다. 기를 잘 돌게 해서 헛배 부른 것을 낫게 하며 비장과 위장을 덥혀 주고 습을 없애며 담을 삭인다. 약리 실험에서 억균 작용, 약한 이뇨 작용을 하는 것으로 밝혀졌다.

● 후박(*M. officinalis*), 요엽후박(*M. officinalis var. biloba*)

후박나무는 상록 또는 낙엽교목으로 높이 16m까지 자란다. 수피는 처음에는 회백색으로 반질반질하다가 성장 후에는 회갈색이 된다. 잎은 호생하고 우상의 맥이 있으며 초질이고 도란형 또는 타원형이고 끝은 뾰족하고 가장자리는 밋밋하다. 엽병의 길이는 1~2cm로서 항상 홍색이다. 꽃은 원추화서로서 액생하고 많은 황록색의 양성화가 달리며 소엽편은 길이 1cm 정도이고 화피편은 6개로 좁은 타원형이다. 수피를 홍남피(紅楠皮)라 하여 한약재로 이용한다.

우리나라의 남부 지방에서 자생하는 후박나무(토후박, *Machilus thunbergii*)와 왕후박나무(토후박 또는 한후박, *Machillus thunbergii var. obovata* N.)는 녹나무과에 속하는 상록성 교목으로 일본목련과는 기원이 다른 식물로서 후박으로 사용할 수 없다.

🌿 재배법

일본목련은 주로 종자 번식을 하는데 가을에 잘 익은 열매를 채취하여 붉은 종자를 얻은 다음 붉은 과육을 제거하고 검은 종자만을 직파하든지 노천매장하여 이듬해 봄에 파종해야 발아가 잘 된다. 습기가 있는 땅을 좋아하며 음지 내에서는 개화결실이 불가능하다,

중국의 사천성, 호북성, 절강성, 귀주성, 운남성 등의 지역이 수산지이며, 사천성과 호북성에서 생산되는 것이 가장 좋다. 사천성의 홍구 지역은 후박의 주산지로 유명하다. 우리나라의 경우에는

국내 어느 곳이나 잘 자라지만 자연 상태에서는 내한성을 고려하여 해안 지대에서 재배하는 것이 보통이다. 내륙 지방의 북방 한계는 전북 익산 지역으로 보고 있다.

- **기후와 토양** : 더운 곳, 비가 많은 곳은 모두 재배하기에 적합하지 않다. 습기가 적당하고 비옥하며 부드러운 양토나 부식질 토양이 재배하기에 좋다.

- **정지** : 볕이 잘 드는 곳을 모판으로 선택하고 퇴비를 밑거름으로 준다. 흙을 깊이 파서 부드럽게 부수고 갈퀴로 너비 1.3m 되는 높은 두둑을 쌓는다.

- **번식 방법** : 일반적으로 종자 번식을 한다. 파종기는 3월 하순~4월 상순이다. 파종 전에 종자를 찬물에 10일간 담갔다가 꺼낸 다음 10분간 햇볕에 말린다. 종피가 저절로 벌어지면 산파하거나 이랑 사이를 30cm로 하여 줄뿌리기를 하는데 종자를 모판에 고루 뿌린 후 부드러운 흙을 3~4cm 두께로 덮고 살짝 다진다. 그 후 볏짚을 덮고 물을 주어 축축하게 한다. 파종 2년 후 묘가 30~60cm가 되면 이식한다. 이식할 때 그루 사이 거리를 2.5~3m로 하고 깊이가 60~80cm가량 되는 구덩이를 판 다음

일본목련_ 잎(앞면)

일본목련_ 잎(뒷면)

뿌리가 흙에 전부 파묻히게 심고 흙을 덮어 잘 다진다. 이 밖에 묵은 나무의 주위에 싹이 나온 어린 그루를 사용하여 분주 번식하는 방법도 있다.

● **경작 관리** : 유묘기에는 정상적으로 흙을 부드럽게 해주거나 김을 매고 물을 제때 주며 덧거름을 1~2번 주어야 한다. 이식 후에 물을 주어 잘 자라게 해야 한다. 처음 5~6년간은 일반적으로 비료를 주지 않고 성장을 촉진하기 위하여 매년 봄과 가을에 퇴비 또는 외양간의 두엄을 각각 한 번씩 줌과 동시에 뿌리의 북을 돋우어 준다.

병충해 예방법과 방제

● **병해** : 유묘기에는 근부병에 걸리기 쉬운데 이 병에 걸리면 옹근 그루가 죽고 만다. 완숙 퇴비를 사용해야 하고 배수를 주의하고 동시에 병에 걸린 그루를 뽑아 태워서 전염을 방지해야 한다.

● **충해** : 흔히 볼 수 있는 충해로는 거세미나방유충과 흰개미가 뿌리를 침해하는 것이다. 또한 뽕나무하늘소는 줄기를 침해한다.

치자나무 *Gardenia jasmonoides* Ellis
(치자)

- **식물명** : 치자나무
- **학명** : *Gardenia jasmonoides* Ellis
- **과명** : 꼭두서니과 (Rubiaceae)
- **별명**(이명, 속명) : 지자(枝子, 支子), 목단(木丹), 선지(鮮支), 선자(鮮子), 황치(黃梔)
- **생약명** : 치자(梔子)
- **분포지** : 일본, 대만, 중국, 인도차이나와 우리나라 남부 지방
- **번식법** : 종자 번식(봄), 녹지삽(여름 6~8월), 반숙지삽(가을 9월 상순)
- **꽃 피는 시기** : 6~7월
- **채취 시기** : 가을
- **용도** : 약용, 식용
- **약용** : 해열, 사화(瀉火), 양혈(養血), 지혈(止血), 이담(利膽), 소염

늘푸른떨기나무로 높이 1.5~2m이며, 가는 가지는 어릴 때 먼지 같은 털이 있다. 잎은 마주나며 잎자루는 짧고 긴 타원형 또는 넓은 도바늘 모양이며 첨두예저이고 길이는 3~15cm이다. 양면에 털이 없으며 표면에 윤채가 있고 가장자리는 밋밋하다. 꽃은 백색으로 향기가 좋으며 6~7월에 가지 끝에 달린다. 열매는 꽃받침과 더불어 길이가 3.5cm 정도이며 세로로 6~7개의 능각이 있고 9월에 황홍색으로 익는다. 열매는 가볍고 맛은 쓰다.

치자나무_ 꽃

치자나무_ 꽃받침

치자나무_ 열매(미성숙)

치자나무_ 열매(성숙)

치자나무_ 잎

치자나무_ 식재 모습

🦋 재배법

● **재배 적지** : 월동이 가능한 온난 다습한 기후에서 잘 자라며 비옥하고 습윤한 사양토, 식양토의 경기도 이남 지역으로 배수가 양호한 곳이다. 추운 곳에서는 겨울철에 얼어 죽는다.

● **파종 및 정식**

○ 번식 : 종자 번식, 삽목(꺾꽂이) 번식을 한다.

○ 종자 번식 : 이른 봄과 가을에 모두 파종할 수 있지만 봄에 파종하는 것이 좋다. 종자를 물에 24시간 정도 담가 가라앉는 종자를 골라서 말린 후 줄 뿌림을 한다. 짚으로 덮은 후 싹이 나오면 짚을 제거하고 김매기를 한다. 열매가 붉게 물들면 따서 그늘에 말려 바로 직파하거나 노천매장하여 봄에 파종한다.

○ 삽목(꺾꽂이) 시기 : 숙지삽(熟枝揷 : 조직의 경화가 된 묵은 가지를 잘라서 꺾꽂이를 하는 방법)은 봄(잎이 피기 전), 녹지삽(綠枝揷 : 조직의 경화가 덜 된 어린 가지를 잘라서 꺾꽂이를 하는 방법)은 여름(6~8월), 반숙지삽은 가을(9월 상순)에 한다. 삽수는 2~3년간 자란 가지를 20cm 정도 잘라서 윗끝 한 마디만 보이게 경사지게 꽂는다. 꽃이 필 가지를 꺾꽂이(揷木)하는 것이 활착이 좋다.

○ 정식 : 심는 시기는 2월~3월이며, 두둑 너비 90cm에 포기 사이 30cm로 심는다.

● 주요 관리

○ 유묘기 : 물 관리와 제초에 주의한다. 제초 및 복토는 정식 후 초봄과 여름에 제초, 복토한다. 전정은 7월과 9월에 꽃눈 형성 시기를 피하여 낙화 직후 2년에 1회 정도 실시한다.

● 수확 및 가공 : 가을(10월경)에 열매가 익어서 황색으로 되면 열매가 무르기 전에 따서 원반 절단기에 5~7mm로 절단하고 불순물을 제거하여 말린다.

병충해 예방법과 방제

점무늬병, 회색곰팡이병, 진딧물 등을 방제한다.

치자나무_ 수피

탱자나무 (지실) *Poncirus trifoliata* Raf.

- **식물명** : 탱자나무
- **학명** : *Poncirus trifoliata* Raf.
- **과명** : 운향과(Rutaceae)
- **별명**(이명. 속명) : 지각(枳殼), 가길(柯桔), 구귤(枸橘), 취길자(臭桔子), 구수(楑樹)
- **생약명** : 지실(枳實)
- **분포지** : 중국 원산이며 우리나라 제주, 전남을 제외한 중부 경기도 이남
- **번식법** : 10월 하순~11월 초순 파종
- **꽃 피는 시기** : 4~5월
- **채취 시기** : 5월~6월
- **용도** : 약용
- **약용** : 파기(破氣), 행담(行擔), 산결(散結 : 기가 뭉친 것을 풀어 줌), 소적(消積 : 적체를 제거함), 항암

식물의 생김새와 특징

갈잎작은큰키나무로 높이 3m가량이다. 줄기는 많은 가지가 갈라지고 약간 편평하거나 모가 지며 길이 3~5cm의 굵은 가시가 있다. 잎은 어긋나며 3개의 작은 잎으로 된 겹잎이며, 가장자리에 둔한 톱니가 있고 가죽질이다. 꽃은 백색으로 5월에 잎보다 먼저 줄기 끝이나 가지겨드랑이에 1~2개씩 핀다. 꽃받침조각과 꽃잎은 각각 5개이며 수술은 다수이고 암술은 1개이며 씨방은 작은 털이 많다. 열매는 장과(漿果)로 둥글고 지름 3~4cm이고 10월경에 익으며 향기가 좋고 먹을 수 있다. 종자는 긴 타원형으로 10개 정도 들어 있다.

탱자나무_ 꽃

탱자나무_ 잎

탱자나무_ 열매(미성숙)

탱자나무_ 열매(성숙)

탱자나무_ 수피

탱자나무_ 줄기 가시　　　　　　　　　　　　탱자나무_ 줄기

🦋 재배법

● **재배 적지** : 월동이 가능한 중부 이남의 비옥하고 배수가 잘 되
는 토양이 적합하다.

● **번식 및 정식**

○ 번식 : 종자 번식, 삽목(꺾꽂이) 번식, 접목(접붙이기) 번식을
한다.

○ 종자 번식 : 가을에 익은 열매에서 종자를 채취하여 노천매
장하였다가 봄에 파종한다. 재식 시기는 봄에 순이 나오는 3
월 중순에서 4월 상순, 6월 하순에서 7월 상순, 10월 중에 심
는다.

○ 재식 거리 : 보통 사방 3.6m이지만 울타리용일 경우 더 배
게 심는다.

● **주요 관리**

○ 가지치기 : 추운 지방에서는 월동이 곤란하므로 월동 후에

가지치기를 한다. 가지가 웃자라지 않도록 가지치기는 가을 철인 10월 하순경에 하거나 2월에서 4월 상순 사이에 한다.

○ 시비 관리 : 주로 봄에 시용하며 비료를 흡수하는 뿌리가 많은 곳에 시비한다.

○ 병해충 방제 : 더뎅이병, 탄저병, 그을음병, 흑반병, 깍지벌레 등의 피해가 있다.

◈ **수확 및 가공** : 지실(枳實)은 열매가 덜 익었을 때 수확하여 두세 조각으로 잘라서 말린다. 지각(地殼)은 광귤나무와 당귤나무 및 동속 근연 식물의 성숙한 청색의 과실이다.

병충해 예방법과 방제

병해충에 강한 편으로 크게 문제되는 병해충은 없다.

황칠나무 *Dendropanax morbiferus* H. Lév.
(풍하이)

- **식물명** : 황칠나무
- **학명** : *Dendropanax morbiferus* H. Lév.
- **과명** : 두릅나무과(Araliaceae)
- **별명**(이명, 속명) : 수계(樹季), 노란옻나무
- **생약명** : 풍하이(楓荷梨)
- **분포지** : 우리나라 제주, 전남(완도, 흑산도, 거문도), 전북(어청도), 경남, 전남의 해안 산기슭
- **번식법** : 3월 중순~하순 파종
- **꽃 피는 시기** : 6월
- **채취 시기** : 9월 이후
- **용도** : 약용, 관상용
- **약용** : 거풍습(祛風濕 : 풍사와 습사를 제거함), 활혈맥(活血脈)

🌿 식물의 생김새와 특징

늘푸른큰키나무로 우리나라의 남부 해변과 섬의 산록 수림 속에 자라며 높이 15m가량이다. 껍질에 상처가 나면 황색 액이 나온다. 잎은 어긋나며 3~5갈래이나, 노목(老木)에서는 잎이 난형 또는 타원형으로 끝이 뾰족하고 길이 10~20cm로 잎에 광택이 있다. 양면에 털이 없고, 잎자루가 있다. 꽃은 양성화이며 6월에 가지 끝에 원추상 산형꽃차례로 달리고, 꽃대의 길이는 3~5cm이며 꿀샘이 있고 꽃자루는 길이 5~10mm이다. 꽃받침은 종형이며 끝이 5갈래로 갈라지고, 꽃잎은 5장, 수술 5개이다. 자방은 5실이며 암술머리는 5갈래이다. 열매는 핵과로 타원형이며 검은색으로 익는다.

🌿 재배법

🔹 **재배 적지** : 겨울이 온난한 남부 지방의 섬 지역 또는 제주도가

황칠나무_ 꽃

황칠나무_ 잎

황칠나무_ 열매(미성숙)

황칠나무_ 열매(성숙)

겨울을 나는 데 무난하다. 일본의 황칠나무보다 국내산 황칠이 농황색으로 더 색깔이 진하다.

- ◆ **파종 및 정식** : 번식은 종자와 꺾꽂이로 번식시킨다. 정식은 씨앗이나 꺾꽂이 묘를 2~3년 정도 육묘한 것을 정식한다.

- ◆ **비료주기** : 심은 당년에는 비료를 주지 않고 2년째부터 10a당 원예용 복합비료 25kg을 준다. 식재 2~3년부터는 6월 중순 이전에 본당 고형복합비료를 묘목 주위에 60g 정도씩 준다.

황칠나무_ 식재 모습

- ◆ **주요 관리**
  - ○ 종자는 파종한 당년에 발아한다. 과육에 발아 억제 물질이 들어 있어 과육을 제거하고 습기 있는 모래와 혼합하여 저장하였다가 파종한다. 종자의 파종 시기는 3월 15일부터 3월 30일까지가 적기이며 발아 일수는 80~85일 정도이다.
  - ○ 종자 발아 후 2~3년까지는 겨울철 저온에 약하므로 비닐하우스 등으로 보온하여 주는 것이 좋다. 꺾꽂이는 3월 하순~4월 중순, 6월 중순~7월 상순에 가지를 꺾꽂이하면 뿌리가 내린다. 묘상에는 해가림을 하여 준다.

- ◆ **수확 및 가공** : 나무의 자람이 정지되는 9월 이후에 가지와 뿌리 줄기를 캐서 흙을 씻은 후 말린다.

🌿 병충해 예방법과 방제

공해나 병해충에 대한 내성이 강해서 특별히 문제가 되는 경우는 적으나 하늘소류의 피해가 있으므로 대량 발생 시에는 적절한 방제를 해 준다.

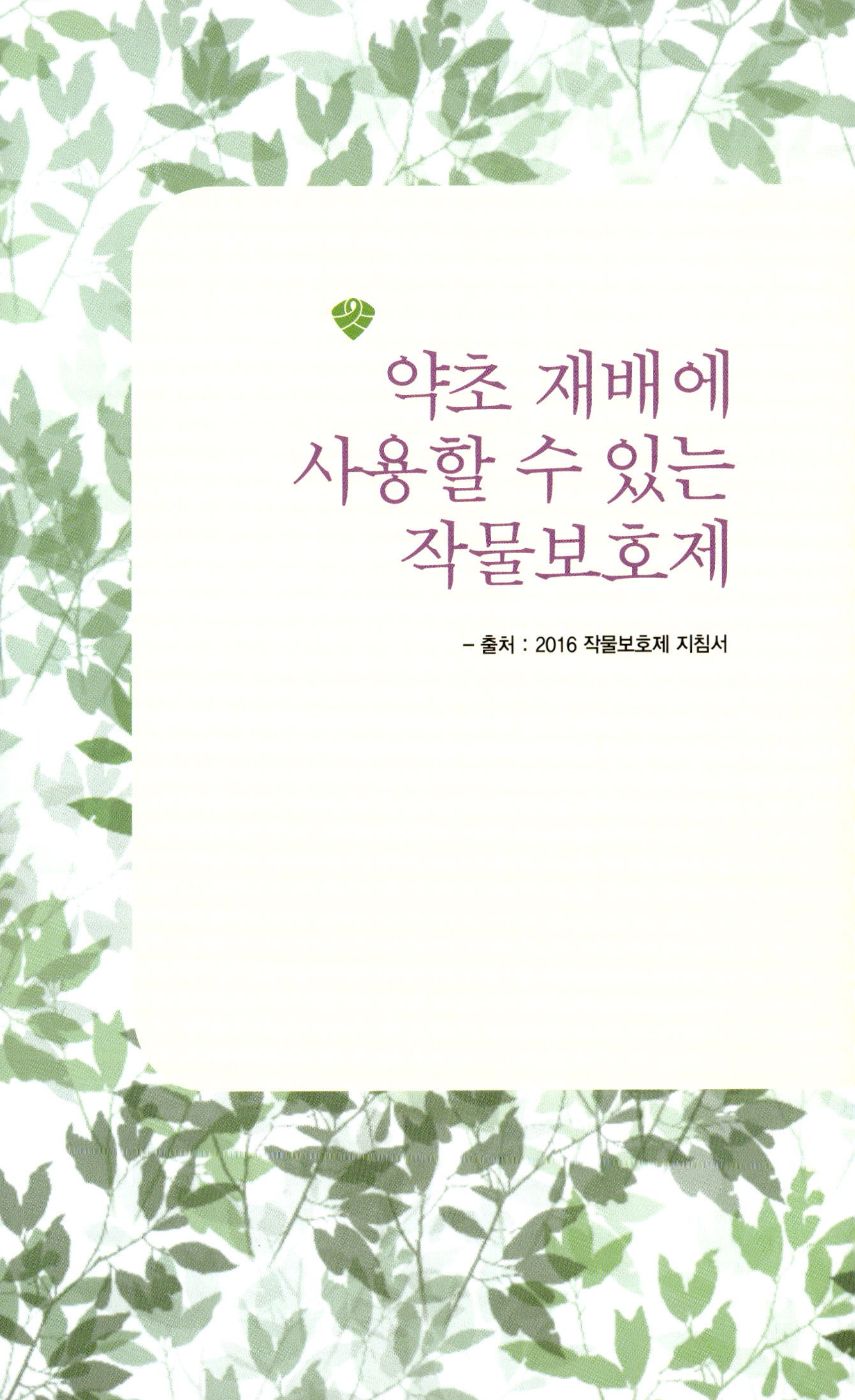

약초 재배에
사용할 수 있는
작물보호제
- 출처 : 2016 작물보호제 지침서

※ ℓ, ㎖은 CGPM(국제도량형총회)의 표준표기법에 의해 L, mL로 표기한다.

1) 구기자나무

적용 병해충	품목명	사용 적기 및 방법	물 20L당 사용약량	10a당 사용량		안전 사용 기준	
				약량	살포량	시기	횟수
탄저병	프로피네브 수화제	발병 초부터 10일 간격	40g			수확 7일 전까지	4회 이내
	아족시스트로빈 액상수화제	발병 초부터 10일 간격	10g			수확 14일 전까지	3회 이내
	이미녹타딘트리스 알베실레이트 액상수화제	발병 초부터 7일 간격	20g			수확 7일 전까지	3회 이내
	테부코나졸 액상수화제	발병 초부터 7일 간격	10g			수확 14일 전까지	2회 이내
	피라클로스트로빈 유제	발병 초부터 7일 간격	5mL			수확 7일 전까지	3회 이내
흰가루 병	트리아디메폰 수화제	발병 초부터 10일 간격	20g			수확 3일 전까지	5회 이내
	트리포린 유제	발병 초부터 10일 간격	20mL			수확 3일 전까지	5회 이내
	바실루스서브 틸리스큐에스티 713수화제	발병 초부터 7일 간격	40g			–	
	황입상수화제	발병 초부터 7일 간격	40g			개화 전 사용	
열 점박이 잎벌레	노발루론 액상수화제	다발생기	10mL			수확 7일 전까지	2회 이내
	델타메트린유제	다발생기	20mL			수확 7일 전까지	2회 이내
	람다사이할로트린 수화제	다발생기	20g			수확 3일 전까지	3회 이내
	사이퍼메트린 유제	다발생기	20mL			수확 3일 전까지	2회 이내
	에마멕틴 벤조에이트유제	다발생기	10mL			수확 3일 전까지	3회 이내

적용 병해충	품목명	사용 적기 및 방법	물 20L당 사용약량	10a당 사용량		안전 사용 기준	
				약량	살포량	시기	횟수
열 점박이 잎벌레	클로르페나피르 유제	다발생기	20mL			수확 3일 전까지	2회 이내
	클로티아니딘 액상수화제	다발생기	10mL			수확 3일 전까지	3회 이내
뒷면잎 곰팡이	디페노코나졸 액상수화제	발병 초부터 10일 간격	10mL			수확 3일 전까지	2회 이내
	플루아지남 액상수화제	발병 초부터 7일 간격	10mL			수확 3일 전까지	2회 이내
복숭아 혹 진딧물	클로티아니딘 수화제	다발생기	10g			수확 7일 전까지	2회 이내
	이미다 클로프리드 수화제	다빌생기	10g			수확 3일 전까지	2회 이내
	플로니카미드 입상수화제	다발생기	6.7mL			수확 5일 전까지	3회 이내
왕담 배나방	비티아이자 와이젠티 423수화제	발생 초기	10g			–	
	인독사카브 액상수화제	발생 초기	20mL			수확 5일 전까지	2회 이내
	피리달릴 유탁제	발생 초기	20mL			수확 5일 전까지	2회 이내
혹응애	스피로메시펜 액상수화제	발생 초기	10mL			수확 7일 전까지	2회 이내
일년생 잡초	펜디메탈린 입제	잡초 발아 전 토양처리		2kg			

2) 대추나무

적용 병해충	품목명	사용 적기 및 방법	물 20L당 사용약량	10a당 사용량		안전 사용 기준	
				약량	살포량	시기	횟수
줄기 썩음병	디페노코나졸 수화제	발병 초 10일 간격	10g			수확 21일 전까지	3회 이내
	플루아지남 액상수화제(50%)	발병 초 10일 간격	8mL			수확 21일 전까지	3회 이내

적용 병해충	품목명	사용 적기 및 방법	물 20L당 사용약량	10a당 사용량		안전 사용 기준	
				약량	살포량	시기	횟수
줄기 썩음병	시메코나졸 수화제	발병 초 10일 간격	10g			수확 14일 전까지	3회 이내
	테부코나졸 · 트리플록시트로빈 액상수화제	발병 초 10일 간격	10mL			수확 21일 전까지	3회 이내
	트리플루미졸 수화제	발병 초 10일 간격	10g			수확 21일 전까지	3회 이내
	플루퀸코나졸 · 피리메타닐 액상수화제	발병 초 10일 간격	20mL			수확 20일 전까지	3회 이내
빗자루 병	옥시테트라 사이클린수화제	4월 초 수간주입	100g	1L/흉고직경 (10cm)		수확 30일 전까지	2회 이내
역병	사이아조파미드 액상수화제	발병 초 10일 간격	10mL			수확 21일 전까지	2회 이내
녹병	디티아논 · 피라클로스트로빈 유현탁제	발병 초 10일 간격	10mL			수확 21일 전까지	3회 이내
	테부코나졸 수화제	발병 초 10일 간격	10g			수확 21일 전까지	4회 이내
	페나리몰 수화제	발병 초 10일 간격	6.7g			수확 21일 전까지	4회 이내
	플루실라졸 입상수화제	발병 초 10일 간격	2.5g			수확 14일 전까지	5회 이내
	디페노코나졸 · 티오파네이트메틸 액상수화제	발병 초 10일 간격	20mL			수확 14일 전까지	3회 이내
	마이클로뷰타닐 수화제	발병 초 10일 간격	13g			수확 14일 전까지	5회 이내
	시메코나졸 수화제	발병 초 10일 간격	10g			수확 14일 전까지	3회 이내
	아족시트로빈 · 디페노코나졸 액상수화제	발병 초 10일 간격	4mL			수확 14일 전까지	4회 이내
	이미벤코나졸 입상수화제	발병 초 10일 간격	5g			수확 14일 전까지	3회 이내

적용 병해충	품목명	사용 적기 및 방법	물 20L당 사용약량	10a당 사용량		안전 사용 기준	
				약량	살포량	시기	횟수
녹병	플루실라졸 · 크레속메틸 액상수화제	발병 초 10일 간격	20g			수확 21일 전까지	3회 이내
	플루실라졸 수화제	발병 초 10일 간격	20g			수확 14일 전까지	5회 이내
	플루퀸코나졸 액상수화제	발병 초 10일 간격	10mL			수확 14일 전까지	4회 이내
	피라클로스트로빈 입상수화제	발병 초 10일 간격	6.7g			수확 14일 전까지	3회 이내
탄저병	디페노코나졸 · 티오파네이트메틸 액상수화제	발병 초 10일 간격	20mL			수확 14일 전까지	3회 이내
	티오파네이트 메틸수화제	발병 초 10일 간격	13g			수확 14일 전까지	4회 이내
	디티아논 · 피라클로스트로빈 유현탁제	발병 초 10일 간격	10mL			수확 21일 전까지	3회 이내
	디페노코나졸 · 디티아논 입상수화제	발병 초 10일 간격	10g			수확 14일 전까지	3회 이내
	디페노코나졸 · 티오파네이트 메틸수화제	발병 초 10일 간격	20g			수확 14일 전까지	3회 이내
	보스칼리드 · 피라클로스트로빈 입상수화제	발병 초 10일 간격	10g			수확 14일 전까지	3회 이내
	카벤다짐 · 클로르탈로닐 액상수화제	발병 초 10일 간격	20mL			수확 14일 전까지	3회 이내
대추 애기 잎말이 나방	노발루론 액상수화제	다발생기	10mL			수확 21일 전까지	3회 이내
	루페뉴론유제	발생 초기 경엽 처리	10mL			수확 14일 전까지	2회 이내
	티아클로프리드 액상수화제	발생 초기	10mL			수확 14일 전까지	3회 이내
	인독사카브 · 테플루벤주론수화제	다발생기	20g			수확 14일 전까지	3회 이내

적용 병해충	품목명	사용 적기 및 방법	물 20L당 사용약량	10a당 사용량		안전 사용 기준	
				약량	살포량	시기	횟수
대추 애기 잎말이 나방	클로르페나피르 액상수화제	다발생기	6.7mL			수확 21일 전까지	3회 이내
	람다사이 할로트린 · 루페뉴론유제	다발생기	10mL			수확 21일 전까지	3회 이내
	메톡시페노 자이드 액상수화제	다발생기	10mL			수확 14일 전까지	3회 이내
	비펜트린유제	다발생기	20mL			수확 21일 전까지	3회 이내
	비펜트린 · 메톡시페노자이드 액상수화제	다발생기	10mL			수확 21일 전까지	3회 이내
	사이에노피라펜 · 플루페녹수론 액상수화제	한 잎당 2~3마리 발생시	10mL			수확 14일 전까지	2회 이내
	에토펜프록스 · 인독사카브수화제	발생초기	20g			수확 14일 전까지	3회 이내
	클로란트라닐 리프롤수화제	다발생기	10g			수확 21일 전까지	2회 이내
	클로란트라닐 리프롤입상수화제	다발생기	10g			수확 14일 전까지	3회 이내
	클로란 트라닐리프롤 · 인독사카브 입상수화제	다발생기	10g			수확 21일 전까지	3회 이내
	클로르페나피르 유제	다발생기	20㎖			수확 14일 전까지	3회 이내
	티오디카브 수화제	발생초기	20g			수확 31일 전까지	3회 이내
	플루벤디아마이드 액상수화제	다발생기	5mL			수확 21일 전까지	3회 이내
점박이 응애	사이에노피라펜 · 플루페녹수론 액상수화제	한 잎당 2~3마리 발생 시 경엽 처리	10mL			수확 14일 전까지	2회 이내

적용 병해충	품목명	사용 적기 및 방법	물 20L당 사용약량	10a당 사용량		안전 사용 기준	
				약량	살포량	시기	횟수
점박이 응애	스피로디클로펜 수화제	한 잎당 2~3마리 이하 발생 시	10g			수확 14일 전까지	3회 이내
	클로르 페나피르유제	다발생기	20mL			수확 14일 전까지	3회 이내
	클로르 페나피르 액상수화제	한 잎당 2~3마리 발생 시	6.7mL			수확 21일 전까지	3회 이내
잿빛 곰팡이 병	보스칼리스 · 크레속심메탈 액상수화제	발병 초 7일 간격	7mL			수확 7일 전까지	3회 이내
	플루퀸코나졸 · 피리메타닐 액상수화제	발병 초 7일 간격	20mL			수확 30일 전까지	3회 이내
모무늬 매미충	이미다 클로프리드 액상수화제	다발생기	10mL			수확 21일 전까지	3회 이내
잡초약 (1년생 및 다년생)	글루포시네이트 액제	잡초 생육기	60mL	300mL	100L		
	글루포시네이트 암모늄액제	잡초 발생기	6mL	300mL	10L		

3) 더덕

적용 병해충	품목명	사용 적기 및 방법	물 20L당 사용약량	10a당 사용량		안전 사용 기준	
				약량	살포량	시기	횟수
녹병	시메코나졸 수화제	발병 초 10일 간격	10g			수확 14일 전까지	3회 이내
	마이클로뷰타닐 수화제	발병 초 10일 간격	20g			수확 7일 전까지	3회 이내
	크레속심메틸 액상수화제	발병 초 10일 간격	6.7mL			수확 7일 전까지	5회 이내

적용 병해충	품목명	사용 적기 및 방법	물 20L당 사용약량	10a당 사용량		안전 사용 기준	
				약량	살포량	시기	횟수
녹병	테부코나졸 유제	발병 초 10일 간격	8mL			수확 7일 전까지	3회 이내
	테부코나졸 액상수화제	발병 초 10일 간격	10mL			수확 21일 전까지	3회 이내
	트리플록시트로빈 액상수화제	발병 초 10일 간격	10mL			수확 14일 전까지	4회 이내
	프로클로라즈 망가니즈 · 테부코나졸수화제	발병 초 10일 간격	10g			수확 14일 전까지	3회 이내
	플루퀸코나졸 수화제	발병 초 10일 간격	10g			수확 7일 전까지	4회 이내
	헥사코나졸 액상수화제(2%)	발병 초 10일 간격	10mL			수확 7일 전까지	3회 이내
점무늬병	디페노코나 졸유제(10%)	발병 초 10일 간격	10mL			수확 7일 전까지	3회 이내
	아족시트로빈 액상수화제	발병 초 10일 간격	10mL			수확 7일 전까지	3회 이내
	티오파네이트 메틸수화제	발병 초 10일 간격	20g			수확 7일 전까지	3회 이내
차응애	비펜트린수화제	발병 초기	20g		6kg	수확 7일 전까지	3회 이내
	아세퀴노실 액상수화제	발병 초기	20mL			수확 7일 전까지	3회 이내
	클로르페나피르 유제	발생 초기	20g			수확 7일 전까지	3회 이내
	테부펜피라드 유제	발생 초기	10mL			수확 7일 전까지	2회 이내
진딧물류	비펜트린 수화제	발생 초기	20g			수확 7일 전까지	3회 이내
	아세타미프리드 수화제	발생 초기	10g			수확 7일 전까지	2회 이내

적용 병해충	품목명	사용 적기 및 방법	물 20L당 사용약량	10a당 사용량		안전 사용 기준	
				약량	살포량	시기	횟수
진딧물류 (복숭아혹 진딧물)	이미다클로프리드 수화제	다발생기	10g			수확 7일 전까지	3회 이내
	피메트로진 수화제	다발생기	6.7g			수확 7일 전까지	3회 이내
일년생 잡초	나프로파마이드 수화제	이식 복토 후 토양 처리	50g	300g	120L		이식 재배
	플루아지포프- 피-뷰틸유제	잡초 3~5엽기	20mL	100mL	100L		

4) 도라지

적용 병해충	품목명	사용 적기 및 방법	물 20L당 사용약량	10a당 사용량		안전 사용 기준	
				약량	살포량	시기	횟수
점무늬 병	아족시트로빈 수화제	발병 초 10일 간격	20g			수확 7일 전까지	3회 이내
	폴리옥신비 수화제	발병 초 10일 간격	20g			수확 7일 전까지	3회 이내
	피리메타닐 수화제	발병 초 10일 간격	20g			수확 7일 전까지	3회 이내
차응애	밀베멕틴 수화제(1%)	발생 초기	20mL			수확 7일 전까지	3회 이내
	밀베멕틴 수화제(2%)	발생 초기	20mL			수확 7일 전까지	3회 이내
	에톡사졸 액상수화제	발생 초기	5mL			수확 7일 전까지	3회 이내
	펜피록시메이트 액상수화제	발생 초기	10mL			수확 7일 전까지	2회 이내
	플루페녹수론 분산성액제	발생 초기	20mL			수확 7일 전까지	3회 이내
화본과 잡초 (1년생)	세톡시딤유제	화본과 잡초 3~5엽기	25mL	150mL	120L		
	클레토딤유제	화본과 잡초 3~5엽기	20mL	100mL	100L		

적용 병해충	품목명	사용 적기 및 방법	물 20L당 사용약량	10a당 사용량		안전 사용 기준	
				약량	살포량	시기	횟수
화본과 잡초 (1년생)	플루아지포프- 피-뷰틸유제	화본과 잡초 3~5엽기	20mL	100mL	100L		
	할록시포프- 아르-메틸유제	화본과 잡초 3~5엽기	10mL	50mL	100~ 120L		

5) 마

적용 병해충	품목명	사용 적기 및 방법	물 20L당 사용약량	10a당 사용량		안전 사용 기준	
				약량	살포량	시기	횟수
점무늬 병	테부코나졸 유제	발병 초부터 10일 간격	20mL			수확 21일 전까지	3회 이내
	디페노코나졸 수화제	발병 초 10일 간격	10g			수확 21일 전까지	4회 이내
	이프로디온 수화제	발병 초 10일 간격	20g			수확 30일 전까지	3회 이내
	아족시스트로빈 수화제	발병 초 10일 간격	20g			수확 21일 전까지	3회 이내
	프로피네브 수화제	발병 초 10일 간격	40g			수확 30일 전까지	3회 이내
탄저병	코퍼옥시클로라이드 · 가스가마이신수화제	발병 초부터 10일 간격	20g			수확 21일 전까지	4회 이내
	클로로탈로닐 수화제	발병 초 10일 간격	33g			수확 21일 전까지	4회 이내
	트리플록시스트로빈 입상수화제	발병 초 10일 간격	5g			수확 21일 전까지	4회 이내
흰무늬 병	아족시스트로빈 · 디페노코나졸 액상수화제	발병 초 10일 간격	5mL			수확 21일 전까지	4회 이내
굼벵이 (큰검정 풍뎅이 유충)	비펜드린 · 터부포스입제	파종 전 토양 혼화			6kg	파종 전까지	
마좀 나방	비티쿠르스타키 수화제	발생 초기	20g				
	클로르페나피르 유제	발생 초기	20mL			수확 21일 전까지	2회 이내

적용 병해충	품목명	사용 적기 및 방법	물 20L당 사용약량	10a당 사용량		안전 사용 기준	
				약량	살포량	시기	횟수
마좀 나방	피리달릴유탁제	발생 초기	20mL			수확 21일 전까지	3회 이내
뿌리 혹선충	비펜트린· 카투사포스입제	정식 전 토양 혼화			6kg	정식 전까지	1회 이내
	이미시아포스 입제	정식 전 토양 혼화			6kg	정식 전까지	1회 이내
일년생 잡초	리뉴론수화제	파종 복토 후 3일 이내 토양 처리	20g	100g	100L		
	에탈플루랄린 유제	파종 복토 후 3일 이내 토양 처리	60mL	300mL	100L		
	펜디메탈린 입제	파종 복토 후 3일 이내 토양 처리		2kg			

6) 맥문동

적용 병해충	품목명	사용 적기 및 방법	물 20L당 사용약량	10a당 사용량		안전 사용 기준	
				약량	살포량	시기	횟수
총채 벌레	노발루론 액상수화제	발생 초 7일 간격	10mL			수확 14일 전까지	3회 이내
붉은점 무늬병	이미녹타딘트리스 알베실레이트 액상수화제	발생 초 7일 간격	20mL			수확 30일 전까지	3회 이내
일년생 잡초	펜디메탈린입제	이식 복토 후 3일 이내		2kg			

7) 머위

적용 병해충	품목명	사용 적기 및 방법	물 20L당 사용약량	10a당 사용량		안전 사용 기준	
				약량	살포량	시기	횟수
진딧물 류	이미다클로 프리드수화제	발생 초기	10g			수확 7일 전까지	2회 이내
	비펜트린수화제	발생 초기	20g			수확 7일 전까지	2회 이내
	피메트로진수화제	발생 초기	6.7g			수확 7일 전까지	2회 이내

8) 복분자

적용 병해충	품목명	사용 적기 및 방법	물 20L당 사용약량	10a당 사용량		안전 사용 기준	
				약량	살포량	시기	횟수
잿빛 곰팡이 병	폴리옥신비수화제	발병 초 7일 간격	20g			수확 7일 전까지	5회 이내
점무늬병 · 탄저병	디티아논 · 피라클로스토로빈 유현탁제	발병 초 10일 간격	10mL			수확 7일 전까지	3회 이내
점무늬병	시메코나졸수화제	발병 초 7일 간격	10g			수확 14일 전까지	3회 이내
	아족시스트로빈 액상수화제	발병 초 7일 간격	10mL			수확 2일 전까지	3회 이내
	크레속심메틸 액상수화제	발병 초 10일 간격	6.mL			수확 7일 전까지	3회 이내
	폴리옥신디수화제	발병 초 10일 간격	20g			수확 3일 전까지	3회 이내
	폴리옥신비수화제	발병 초 10일 간격	20g			수확 7일 전까지	5회 이내
	코퍼셀페이트 베이식수화제	발병 초 10일 간격	20g			–	
	클로르탈로닐 · 크레속심메틸 액상수화제	발병 초 10일 간격	20mL			수확 5일 전까지	3회 이내
	피라클로스토로빈 입상수화제	발병 초 10일 간격	6.7g			수확 14일 전까지	3회 이내
	포리옥신디 입상수화제	발병 초 10일 간격	20g			수확 14일 전까지	3회 이내
	트리플록시트로빈 입상수화제	발병 초 10일 간격	5g			수확 21일 전까지	4회 이내
	플루퀸코나졸 · 플루실라졸액상수화제	발병 초 10일 간격	20mL			수확 7일 전까지	4회 이내
탄저병	아족시스트로빈 수화제	발병 초 10일 간격	10g			수확 2일 전까지	3회 이내
	크레속심메틸 액상수화제	발병 초 10일 간격	6.7mL			수확 7일 전까지	3회 이내
	디티아논 · 피라클로스토로빈 유현탁제	발병 초 10일 간격	10mL			수확 7일 전까지	3회 이내

적용 병해충	품목명	사용 적기 및 방법	물 20L당 사용약량	10a당 사용량		안전 사용 기준	
				약량	살포량	시기	횟수
탄저병	캡탄수화제	발병 초 10일 간격	40g			수확 7일 전까지	3회 이내
	트리플록시스트로빈 입상수화제	발병 초 10일 간격	5g			수확 21일 전까지	4회 이내
	보스칼리드 · 피라클로스트로빈 입상수화제	발병 초 10일 간격	10g			수확 14일 전까지	3회 이내
	프로클로라즈 망가니즈 수화제	발병 초 10일 간격	10g			수확 7일 전까지	3회 이내
깍지벌레 (각진장미 흰깍지 벌레)	클로티아니딘 · 메톡시페노자이드 액상수화제	발병 초 경엽 처리	10mL			수확 21일 전까지	3회 이내
꽃매미	아세타미프리드 수화제	약충 다발생기	10g			수확 7일 전까지	2회 이내
	이미다클로프리드 수화제	약충 다발생기	10g			수확 7일 전까지	3회 이내
	티아메톡삼 입상수화제	약충 다발생기	10g			수확 7일 전까지	2회 이내
	티아클로프리드 액상수화제	약충 다발생기	10mL			수확 14일 전까지	2회 이내
들깨 잎말이 명나방	클로르플루아주론유제	다발생기	10mL			수확 14일 전까지	3회 이내
	테플루벤주론 액상수화제	다발생기	10mL			수확 7일 전까지	3회 이내
무궁화잎 밤나방	노발루론 액상수화제	발생 초기	10mL			수확 14일 전까지	3회 이내
	루페뉴론유제	발생 초기	10mL			수확 14일 전까지	3회 이내
	메톡시페노자이드 수화제	발생 초기	20g			수확 14일 전까지	3회 이내
	에마멕틴벤조 에이트유제	발생 초기	10mL			수확 14일 전까지	3회 이내
	인독사카브수 액상수화제	발생 초기	20mL			수확 14일 전까지	3회 이내

적용 병해충	품목명	사용 적기 및 방법	물 20L당 사용약량	10a당 사용량		안전 사용 기준	
				약량	살포량	시기	횟수
무궁화잎 밤나방	피리달릴유탁제	발생 초기	20mL			수확 14일 전까지	2회 이내
점박이 응애	밀베멕틴유제(1%)	한 잎당 2~3마리 발생 시	20mL			수확 14일 전까지	3회 이내
	사이플루메토펜	한 잎당 2~3마리 이하 발생 시	10mL			수확 7일 전까지	3회 이내
	스피로디클로펜 수화제	한 잎당 2~3마리 이하 발생 시	10mL			수확 5일 전까지	2회 이내
	스피로메시펜 액상수화제	한 잎당 2~3마리 발생 시	10mL			수확 7일 전까지	3회 이내
	클로르페나피루 액상수화제	다발생기	6.7mL			수확 7일 전까지	3회 이내
	펜피록시메이트 액상수화제	한 잎당 2~3마리 발생 시	10mL			수확 7일 전까지	3회 이내
총채 벌레	티아메톡삼 입상수화제(10%)	발생 초 7일 간격	10g			수확 7일 전까지	2회 이내
	에마멕틴벤조 에이트유제	발생 초 7일 간격	10mL			수확 14일 전까지	3회 이내
	아세타미프리드 수화제	발생 초 7일 간격	10g			수확 7일 전까지	2회 이내
	스피노사드입상 수화제	발생 초 7일 간격	10g			수확 7일 전까지	2회 이내
	스피네토람입상 수화제	발생 초 7일 간격	10g			수확 14일 전까지	3회 이내
톱니무늬 애매미충	아세타미프리드 수화제	다발생기	10g			수확 7일 전까지	2회 이내
	티아메톡삼 입상수화제 (10%)	다발생기	10g			수확 7일 전까지	2회 이내

적용 병해충	품목명	사용 적기 및 방법	물 20L당 사용약량	10a당 사용량		안전 사용 기준	
				약량	살포량	시기	횟수
톱니무늬 애매미충	클로티아니딘 액상수화제	다발생기	10mL			수확 7일 전까지	3회 이내
	에토펜프록스 수화제	다발생기	20g			수확 7일 전까지	3회 이내
	디노테퓨란 입상수화제	다발생기	20g			수확 7일 전까지	3회 이내
	이미다클로프리드 수화제	다발생기	10g			수확 7일 전까지	3회 이내
뿌리혹선충	카두사포스캡슐 현탁제	발생 초기 관주처리	10mL (2L/㎡)			수확 14일 전까지	2회 이내
	포스치아제이트 액제	발생 초기 관주처리	5mL (2L/㎡)			수확 21일 전까지	1회 이내
잎말이나방	클로르프루아주론 유제	다발생기	10mL			수확 14일 전까지	3회 이내
	테플루벤주론 액상수화제	다발생기	10mL			수확 7일 전까지	3회 이내
일년생 잡초 및 다년생 잡초	글루포시네이트 암모늄액제	잡초 발생 시 경엽 처리	60mL	300mL	100L		

9) 삽주

적용 병해충	품목명	사용 적기 및 방법	물 20L당 사용약량	10a당 사용량		안전 사용 기준	
				약량	살포량	시기	횟수
탄저병	아족시스트로빈 액상수화제	발병 초 10일 간격	10mL			수확 30일 전까지	3회 이내
	플루아지남 수화제	발병 초 10일 간격	10g			수확 21일 전까지	3회 이내
	프로피네브 수화제	발병 초 10일 간격	40g			수확 30일 전까지	3회 이내
	플루아지남 수화제	발병 초 10일 간격	10g			수확 30일 전까지	3회 이내

적용 병해충	품목명	사용 적기 및 방법	물 20L당 사용약량	10a당 사용량		안전 사용 기준	
				약량	살포량	시기	횟수
탄저병	피라클로스트로빈 유제	발병 초 10일 간격	5mL			수확 30일 전까지	3회 이내
	트리플록 시트로빈 액상수화제	발생 초 10일 간격	10mL			수확 30일 전까지	3회 이내

10) 시호

적용 병해충	품목명	사용 적기 및 방법	물 20L당 사용약량	10a당 사용량		안전 사용 기준	
				약량	살포량	시기	횟수
뿌리 혹선충	포스치아 제이트입제	파종 전 토양 혼화			6kg	파종 전 까지	2회 이내
일년생 잡초	펜디메탈린 입제	정식 복토 후 3일 이내			2kg		

11) 쑥

적용 병해충	품목명	사용 적기 및 방법	물 20L당 사용약량	10a당 사용량		안전 사용 기준	
				약량	살포량	시기	횟수
진딧물 류	이미다클로프리드 수화제	발생 초기	20g			수확 14일 전까지	2회 이내
	클로티아니딘 수화제	발생 초기	10g			수확 14일 전까지	2회 이내
	펜프로파트린 유제	발생 초기	20mL			수확 14일 전까지	2회 이내
쑥잎 벌레	델타메트린 유제	유충 발생 초기	20mL			수확 14일 전까지	2회 이내
	펜토에이트 유제	유충 발생 초기	20mL			수확 14일 전까지	1회 이내
	아세타미프리드 · 스피네토람 액상수화제	유충 발생기	10mL			수확 14일 전까지	2회 이내

적용 병해충	품목명	사용 적기 및 방법	물 20L당 사용약량	10a당 사용량		안전 사용 기준	
				약량	살포량	시기	횟수
국화 하늘소	페니트로티온 유제	유충 발생 초기	40mL			수확 14일 전까지	1회 이내
	펜토에이트 유제	유충 발생 초기	13mL			수확 14일 전까지	1회 이내

12) 오미자

적용 병해충	품목명	사용 적기 및 방법	물 20L당 사용약량	10a당 사용량		안전 사용 기준	
				약량	살포량	시기	횟수
점무늬병	펜뷰코나졸 액상수화제	발생 초 10일 간격	20mL			수확 30일 전까지	3회 이내
	피라클로스트 로빈유제	발생 초 10일 간격	5mL			수확 21일 전까지	4회 이내
	헥사코나졸 수화제	발병 초 10일 간격	8g			수확 14일 전까지	3회 이내
흰가루병	트리포린유제	발병 초 10일 간격	20mL			수확 14일 전까지	3회 이내
	페리나몰유제	발병 초 7일 간격	6.7mL			수확 7일 전까지	3회 이내
탄저병	아족시트로빈 액상수화제	발병 초 7일 간격	10mL			수확 14일 전까지	4회 이내
	이미녹타딘트리스 알베실레이트 · 티람수화제	발병 초 7일 간격	20g			수확 14일 전까지	3회 이내
	피라클로 스트로빈 입상수화제	발병 초 7일 간격	6.7g			수확 7일 전까지	3회 이내
	디페노코나졸 · 디티아논 입상수화제	발병 초 7일 간격	10g			수확 14일 전까지	2회 이내
검은범 애바구미	비펜트린 입제	유충 발생 초기		6kg		수확 40일 전까지	1회 이내
	클로티아니딘 입제(1.8%)	유충 발생 초기 토양 처리		3kg		수확 40일 전까지	1회 이내

적용 병해충	품목명	사용 적기 및 방법	물 20L당 사용약량	10a당 사용량		안전 사용 기준	
				약량	살포량	시기	횟수
식나무 깍지벌레	아세타미프리드 수화제	발생 초기	10g			수확 14일 전까지	3회 이내
	클로티아니딘 입상수용제	발생 초기	10g			수확 21일 전까지	3회 이내
	뷰프로페진·메톡시 페노자이드수화제	발생 초기	20g			수확 14일 전까지	3회 이내
	아미트라즈· 뷰프로페진유제	발생 초기	20mL			수확 21일 전까지	3회 이내

13) 홍화(잇꽃)

적용 병해충	품목명	사용 적기 및 방법	물 20L당 사용약량	10a당 사용량		안전 사용 기준	
				약량	살포량	시기	횟수
탄저병	메티람 입상수화제	발병 초 7일 간격	40g			수확 21일 전까지	5회 이내
	이미녹타딘트리스 알베실레이트· 티람수화제	발병 초 10일 간격	20g			수확 21일 전까지	5회 이내
잿빛 곰팡이병	이미녹타딘트리스 알베실레이트수화제	발병 초 10일 간격	10g			수확 21일 전까지	5회 이내
	이프로디온 수화제	발병 초 10일 간격	20g			수확 14일 전까지	3회 이내
	카벤다짐· 디에토펜카브수화제	발병 초 10일 간격	20g			수확 14일 전까지	3회 이내
	플루지아남 수화제	발병 초 10일 간격	10g			수확 14일 전까지	3회 이내
진딧물	비펜트린수화제	발생 초기	20g			수확 7일 전까지	3회 이내
	아세타미프리드 수화제	발생 초기	10g			수확 14일 전까지	3회 이내
	피메트로진수화제	발생 초기	6.7g			수확 7일 전까지	3회 이내
	이미다클로프리드 수화제	발생 초기	10g			수확 7일 전까지	3회 이내

적용 병해충	품목명	사용 적기 및 방법	물 20L당 사용약량	10a당 사용량		안전 사용 기준	
				약량	살포량	시기	횟수
응애	아바멕틴유제	발생 초기	6.7mL			수확 7일 전까지	3회 이내
	페나자퀸유제	발생 초기	10mL			수확 7일 전까지	2회 이내
	펜피록시메이트 액상수화제	발생 초기	6.7mL			수확 7일 전까지	2회 이내
	플루페녹수론 분산성액제	발생 초기	20mL			수확 7일 전까지	3회 이내
완두 굴파리	아바멕틴유제	발생 초 7일 간격	6.7mL			수확 7일 전까지	3회 이내
	에마멕틴벤조 에이트유제	발생 초 7일 간격	10mL			수확 7일 전까지	3회 이내
일년생 잡초	펜디메탈린유제	파종 복토 후 3일 이내 토양 처리	60mL	300mL	100L		

14) 율무

적용 병해충	품목명	사용 적기 및 방법	물 20L당 사용약량	10a당 사용량		안전 사용 기준	
				약량	살포량	시기	횟수
종자 소독약	플루디옥소닐 종자처리 액상수화제	침종 전 72시간 침지	10mL	볍씨 20kg당 희석액 20L 이상 기준			
잎마름병	디페노코나졸 유제(10%)	발병 초부터 7일 간격	10mL			수확 14일 전까지	5회 이내
	이미녹타딘 트리아 세테이트액제	발병 초부터 7일 간격	20mL			수확 14일 전까지	2회 이내
	이프로디온 수화제	발병 초부터 7일 간격	20g			수확 14일 전까지	4회 이내
조명나방	람다사이 할로트린유제	2화기 발아 최성기 10일 간격	20mL			수확 14일 전까지	3회 이내
	클로르피리포스 수화제	2화기 발아 최성기 10일 간격	20g			수확 14일 전까지	3회 이내

적용 병해충	품목명	사용 적기 및 방법	물 20L당 사용약량	10a당 사용량		안전 사용 기준	
				약량	살포량	시기	횟수
일년생 잡초	리뉴론 · 티오벤카브유제	파종 복토 후 3일 이내 토양 처리	100mL	500mL	200L		
	에탈플루 랄린유제	파종 복토 후 3일 이내	60mL	300mL	100L		

15) 일천궁

적용 병해충	품목명	사용 적기 및 방법	물 20L당 사용약량	10a당 사용량		안전 사용 기준	
				약량	살포량	시기	횟수
흰가루병	아족시트로빈 수화제	발병 초부터 10일 간격	10g			수확 21일 전까지	2회 이내
	펜티오피라드 유제	발병 초기 10일 간격 2회	5mL			수확 21일 전까지	3회 이내
잎마름병 · 흰가루병	트리플록시스트로빈 입상수화제	발병 초 10일 간격	5g			수확 21일 전까지	2회 이내
잎마름병	이프로디온 수화제	발병 초 7일 간격	20g			수확 40일 전까지	3회 이내
	펜티오피라드 유제	발병 초 10일 간격	5mL			수확 21일 전까지	3회 이내
탄저병	디티아논 · 피라클로스트로빈 유현탁제	발병 초 10일 간격	10mL			수확 14일 전까지	4회 이내
탄저병 · 흰가루병	시메코나졸 수화제	발병 초 10일 간격	10g			수확 30일 전까지	4회 이내
차응애	클로르페 나피르유제	발생 초기	20mL			수확 7일 전까지	3회 이내
	비펜트린수화제	발생 초기	20g			수확 7일 전까지	3회 이내
	아세퀴노실 액상수화제	한 잎당 2~3마리 발생 시	20mL			수확 21일 전까지	2회 이내
	펜피록시메이트 액상수화제	한 잎당 2~3마리 발생 시	10mL			수확 21일 전까지	2회 이내
	비펜드린 · 터부포스입제	파종 전 토양혼화 처리		6kg		파종 전까지	1회 이내

적용 병해충	품목명	사용 적기 및 방법	물 20L당 사용약량	10a당 사용량		안전 사용 기준	
				약량	살포량	시기	횟수
뿌리응애	테부펜피라드 유제	발생 초 토양 관주	5mL	2,000L (2L/m²)		수확 90일 전까지	2회 이내

16) 작약

적용 병해충	품목명	사용 적기 및 방법	물 20L당 사용약량	10a당 사용량		안전 사용 기준	
				약량	살포량	시기	횟수
녹병	디페노코나졸 수화제	발병 초 10일 간격	10g			수확 21일 전까지	3회 이내
	마이클로뷰타닐 수화제	발병 초 10일 간격	20g			수확 14일 전까지	3회 이내
	트리아디메폰 수화제	발병 초부터 10일 간격	40g			수확 14일 전까지	3회 이내
	트리포린유제	발병 초 10일 간격	20mL			수확 14일 전까지	3회 이내
점무늬 낙엽병	폴리옥신비 수화제	발병 초부터 10일 간격	20g			수확 14일 전까지	5회 이내
	프로피네브 수화제	발병 초부터 10일 간격	40g			수확 45일 전까지	5회 이내
콩잎줄기 마름병	폴리옥신디 수화제	발병 초부터 10일 간격	20g			수확 21일 전까지	5회 이내
	프로클로라즈 망가니즈수화제	발생 초부터 10일 간격	20g			수확 30일 전까지	3회 이내
	플루톨라닐유제	발병초 10일 간격	20mL			수확 20일 전까지	3회 이내
잿빛 곰팡이병	이미녹타딘트리스 알베실레이트수화제	발병 초부터 7일 간격	10g			수확 21일 전까지	3회 이내
	카벤다짐· 디에토펜카브 수화제	발병 초 7일 간격	20g			수확 14일 전까지	3회 이내
	티오파네이트 메틸수화제	발병 초 7일 간격	20g			수확 14일 전까지	3회 이내
줄기 썩음병	아족시스트로빈 액상수화제	발병 초 10일 간격	10mL			수확 14일 전까지	2회 이내
	플루톨라닐유제	발병 초 10일 간격	20mL			수확 20일 전까지	3회 이내

적용 병해충	품목명	사용 적기 및 방법	물 20L당 사용약량	10a당 사용량		안전 사용 기준	
				약량	살포량	시기	횟수
탄저병	아족시스트로빈 액상수화제	발병 초 10일 간격	10mL			수확 14일 전까지	2회 이내
	디티아논 액상수화제	발병 초 10일 간격	20mL			수확 21일 전까지	3회 이내
	이미녹타딘트리스 알베실레이트 · 티람수화제	발병 초 10일 간격	20g			수확 14일 전까지	3회 이내
	프로클로라즈 망가니즈 수화제	발병 초 10일 간격	10g			수확 30일 전까지	3회 이내
흰가루병	아족시스트로빈 액상수화제	발병 초 7일 간격	10mL			수확 14일 전까지	2회 이내
	트리포린유제	발병 초 7일 간격	20mL			수확 14일 전까지	3회 이내
	트리플루미졸 수화제	발병 초 7일 간격	20g			수확 14일 전까지	3회 이내
	페나리몰유제	발병 초 7일 간격	6.7mL			수확 14일 전까지	3회 이내
	폴리옥신비 수화제	발병 초부터 7일 간격	20g			수확 14일 전까지	5회 이내
뿌리혹선충	다조멧입제	정식 4주 전 토양 처리		40kg			
	카두사포스입제 (6%)	토양 전면 혼화 처리		3kg		정식 전까지 사용	1회 이내
	터부포스입제	토양 전면		전면 : 6kg		파종 전까지 사용	1회 이내
	포스티아제이트 입제	정식 전 토양 혼화		6kg		정식 전까지 사용	1회 이내
일년생 잡초	펜디메탈린입제	이식 복토 후 3일 이내		2kg			

17) 지황

적용 병해충	품목명	사용 적기 및 방법	물 20L당 사용약량	10a당 사용량		안전 사용 기준	
				약량	살포량	시기	횟수
겹둥근 무늬병	디페노코나졸 수화제	발병 초 10일 간격	10g			수확 14일 전까지	3회 이내
	이미녹타딘 트리스알베실레이트 · 티람수화제	발병 초 10일 간격	20g			수확 21일 전까지	3회 이내
	폴리옥신비 수화제	발병 초 10일 간격	20g			수확 14일 전까지	3회 이내
점무늬병	디페노코나졸 입상수화제	발병 초부터 10일 간격	10g			수확 40일 전까지	3회 이내
		발병 초부터 10일 간격	10g				
	이미녹타딘트리스 알베실레이트·티람수화제	발병 초 10일 간격	20g			수확 21일 전까지	3회 이내
	크레속심메틸 액상수화제	발병 초 10일 간격	6.7mL			수확 21일 전까지	3회 이내
	피리메타닐 수화제	발병 초부터 10일 간격	20g			수확 30일 전까지	3회 이내

18) 참당귀

적용 병해충	품목명	사용 적기 및 방법	물 20L당 사용약량	10a당 사용량		안전 사용 기준	
				약량	살포량	시기	횟수
점무늬병	아족시스트로빈 수화제	발생 초 10일 간격	20g			수확 7일 전까지	3회 이내
	데부코나졸 유제	발병 초부터 10일 간격	20mL			수확 14일 전까지	3회 이내
줄기 썩음병	메트코나졸 액상수화제	발병 초 7일 간격 분무	6.7mL			수확 14일 전까지	3회 이내
	카벤다짐 · 테부코나졸 액상수화제	발병 초 7일 간격 분무	20mL			수확 14일 전까지	3회 이내

적용 병해충	품목명	사용 적기 및 방법	물 20L당 사용약량	10a당 사용량		안전 사용 기준	
				약량	살포량	시기	횟수
노린재 (홍줄 노린재)	델타메트린 유제	발생 초기	20mL			수확 14일 전까지	2회 이내
	디노테퓨란 수화제	발생 초기	20g			수확 14일 전까지	2회 이내
	에토펜프록 스유제	발생 초기	10mL			수확 14일 전까지	2회 이내
점박 이응애	사이플루메토펜 액상수화제	한 잎당 2~3마리 발생 시	10mL			수확 21일 전까지	2회 이내
	아세퀴노실 액상수화제	한 잎당 2~3마리 발생 시	20mL			수확 21일 전까지	2회 이내
	아조사이클로틴 수화제	발생 초기	13g			수확 30일 전까지	3회 이내
	펜프로파트린 유제	한 잎당 2~3마리 발생 시	20mL			수확 14일 전까지	3회 이내
	헥시티아족스 수화제	한 잎당 1~2마리 발생 시	10g			수확 30일 전까지	3회 이내
꼬부랑 진딧물	아세타미프리드 입상수화제	다발생기	10mL			수확 14일 전까지	2회 이내
	비펜트린수화제	발생 초기	20g			수확 14일 전까지	2회 이내
	스피로테트라멧 액상수화제	발생 초기	10mL			수확 14일 전까지	2회 이내
일년생 잡초	리뉴론수화제	정식 후 (잡초 발생 전)	20g	100g	100L		
	펜디메탈린입제	잡초 발아 전 토양 처리		2kg			
	글루포시에이트 암모늄액제	잡초생육기 밭고랑	60mL	300mL	100L		
일년생 잡초 (화본과)	세톡시딤유제	화본과 잡초 3~5엽기	25mL	150mL	120L		
	플루아지포프-피- 뷰틸유제	잡초 3~5엽기	20mL	100mL	100L		

19) 토천궁

적용 병해충	품목명	사용 적기 및 방법	물 20L당 사용약량	10a당 사용량		안전 사용 기준	
				약량	살포량	시기	횟수
잎마름 병	디페노코나졸 · 이미녹타딘트리아 세테이트미탁제	발병 초부터 10일 간격	20mL			수확 21일 전까지	3회 이내
	이프로디온 수화제	발병 초부터 7일 간격	20g			수확 40일 전까지	3회 이내
	이미녹타딘 트리스알베실 레이트수화제	발병 초부터 7일 간격	20g			수확 30일 전까지	3회 이내
	디페노코나졸 유제(10%)	발병 초부터 10일 간격	10mL			수확 21일 전까지	3회 이내
뿌리 응애	클로르페나피르 액상수화재	발병 초기 관주 처리	6.7mL (2L/m²)			수확 30일 전까지	1회 이내
일년생 잡초	리뉴론수화제	잡초 발생 전 토양 처리	20g	100g	100L		
화본과 잡초 (일년생)	세톡시딤유제	화본과 잡초 3~5엽기	25mL	150mL	120L		
	프로파퀴자 포프유제	잡초 3~5엽기	15mL	75mL	100L		
	플루아지 포프-피-뷰틸 유제	잡초 3~5엽기	20mL	100mL	100L		

20) 황기

적용 병해충	품목명	사용 적기 및 방법	물 20L당 사용약량	10a당 사용량		안전 사용 기준	
				약량	살포량	시기	횟수
노균병	아족시스트로빈 수화제	발병 초 10일 간격	20g			수확 14일 전까지	3회 이내
	디메토모르프 수화제	발병 초 10일 간격	10g			수확 21일 전까지	3회 이내
	메탈락실 수화제	발병 초부터 10일 간격	10g			수확 14일 전까지	3회 이내

적용 병해충	품목명	사용 적기 및 방법	물 20L당 사용약량	10a당 사용량		안전 사용 기준	
				약량	살포량	시기	횟수
흰가루병	페나리몰유제	발병 초부터 10일 간격	6.7mL			수확 21일 전까지	3회 이내
	트리플루미졸 수화제	발병 초 10일 간격	10g			수확 14일 전까지	3회 이내
	아족시 스트로빈 액상수화제	발병 초 10일 간격	10mL			수확 14일 전까지	3회 이내
진딧물	티아메톡삼 입상수화제 (10%)	발생 초기	5g			수확 14일 전까지	3회 이내
	아세타미 프리드 수화제	발생 초기 경엽 처리	10g			수확 14일 전까지	3회 이내
	이미다 클로프리드 수화제	발생 초기	10g			수확 21일 전까지	3회 이내
	피메트로진 수화제	발생 시	6.7g			수확 21일 전까지	3회 이내
일년생 잡초	나프로 파마이드 수화제	파종 복토 후 토양 처리	50g	300g	120L		

※ **주의사항**

1. 사용하기 전에 반드시 해당 작물보호제의 포장지 표기 내용을 읽은 후 사용하시기 바랍니다.
2. 포장지의 표기 내용이 이해되지 않거나 의문사항이 있으면 해당 농약회사로 문의하시기 바랍니다.

참고문헌

곽준수 · 성환길 · 장광진, 2011, 약용식물재배, 푸른행복.

김재철 · 장원철 외, 2013, 생활 속의 약용식물, 봉화약초시험장.

농촌진흥청, 2006, 작물별 시비처방 기준서.

농촌진흥청, 1994, 약초재배(표준영농교본 7).

농촌진흥청, 1997, 약초전문교육 교재.

박인현 외, 1994, 증보 약용식물 재배.

유순호 · 임선욱, 1993, 토양비료, 한국방송통신대학.

이동필 · 이중웅 · 한상립, 1997, 국내 재배 한약재의 수급 전망과
　유통체계 개선 방향, 한국농촌경제연구원.

이성환 · 홍종욱 외, 1975 개정 초판, 개정 농약학, 향문사.

이승택 · 채영암, 1996, 약용작물 재배.

이원호, 1983, 약초재배법과 야생약초 이용법, 장학출판사.

이은웅, 1990, 재배학범론, 한국방송통신대학.

이의상, 1992, 농업협동조합 전문대학 교육교재.

이창복, 1982, 대한식물도감.

정보섭, 1989, 원색천연약물 대사전, 남산당.

한국무역협회, 1997, 수출입 업무 요람.

한국작물보호협회, 2016 작물보호제 지침서.

홍문화, 1990, 동의보감, 둥지.

厚生省藥務局, 1992, 藥用植物 1~6.